かわいい

ハリネズミと暮らす本

監修／飼育指導
髙橋剛広

監修／医療指導
田向健一

エムピージェー

ハリネズミ

We ♥ Hedgehog!

写真館

すりすり……。
ねむくなって
きちゃった。

おっとっと……

見つかっちゃった！

ともだち？
いがぐり？

種が
おいしそう！

プレゼント
何が入っているのかな？

ハリネズミってナニモノ!? …… 8

ハリネズミの体のつくり …… 10
ハリネズミのカラーバリエーション …… 12
ハリネズミのチャームポイント …… 14
Hedgehogs Photo Gallery …… 15

ハリネズミと暮らそう! …… 16

ペットとしてはどんな動物? …… 17
ハリネズミをお迎えする前の心構え …… 19
ペットショップ選びのポイント …… 20
家族の一員になるハリネズミ選び …… 21
おうちに迎える際に注意したいこと …… 22
ハリネズミの1日のサイクル …… 24
My Hedgehog Life お宅訪問 ファイル1 **小川さんファミリー** …… 26

ハリネズミのおうちをつくろう! …… 30

おうちレイアウトの基本 …… 31
基本の飼育グッズ …… 32
あると役立つ飼育グッズ …… 34
床材選びのポイント …… 36
使いやすい床材 …… 37

ハリネズミにごはんをあげよう! …… 38

ハリネズミ用のペットフード …… 39
ハリネズミに与えてもよい昆虫 …… 40
ハリネズミに与えてもよい食品 …… 41
ごはんの与え方 …… 42
ハリネズミQ&A ごはん編 …… 43
My Hedgehog Life お宅訪問 ファイル2 **松村さんファミリー** …… 44

ハリネズミのお世話をしよう! …… 48

ハリネズミにやさしい抱え方 …… 49
ハリネズミのお世話 …… 50
ケージの掃除 …… 52
健康チェックと体のケア …… 53
遊びとおさんぽ …… 54
夏の暑さ対策 …… 56

Contents

冬の寒さ対策 …… 57
ハリネズミQ&A お世話編 …… 58
Hedgehogs Photo Gallery …… 59

ハリネズミの気持ちを知ろう! …… 60

針を立てる …… 60
匂いを嗅ぐ …… 61
噛みつき …… 62
鳴き声 …… 63

My Hedgehog Life
お宅訪問 ファイル3 深見遊人さん …… 64

2匹めをお迎えしたくなったら …… 68

ケージを別にして飼育する …… 69
繁殖にまつわる数字 …… 70
ハリネズミの繁殖の流れ …… 71
ハリネズミQ&A 繁殖編 …… 74
Hedgehogs Photo Gallery …… 75

ハリネズミの健康な一生のために …… 76

かかりつけ病院を探そう …… 77
ハリネズミの健康チェック …… 78
知っておきたいハリネズミの病気 …… 82
ハリネズミQ&A 老後・お別れ編 …… 89

はじめに

近頃、ハリネズミの存在が身近なものになってきています。一般の雑誌でハリネズミが取り上げられていたり、テレビでハリネズミの特集が組まれていたり。つぶらな瞳、つんととがった顔、トゲトゲの針。ちょっと不思議でかわいらしい姿を見て、ハリネズミを飼ってみたいと思った人も多いのではないでしょうか。

本書では、ハリネズミの生態や習性、お迎えするために必要な飼育グッズ、飼い始めてからのお世話の仕方など、ハリネズミとの暮らしに役立つ情報を集めました。これらの情報をベースにして、お迎えしたハリネズミに合った飼い方を工夫してみてください。皆さんがハリネズミとの暮らしを楽しんでくれることを願っています。

What is a hedgehog ?

ハリネズミってナニモノ⁉

ハリネズミはネズミじゃない？　もともとは日本にいない動物？
知っているようで知らない、
ハリネズミのヒミツを紹介していきます。

ネズミではなく、モグラの仲間⁉

ハリネズミがどんな動物か知っていますか？　名前に「ネズミ」とつくことから勘違いされがちですが、ハリネズミはネズミの仲間ではありません。顔つきは似ていますが、体のつくりには違いがあります。たとえば、ネズミは木の実や種子をかじるために歯が硬く、一生伸び続けますが、ハリネズミは昆虫が主食なので、ネズミほど歯が硬くなく、一度折れると再び生えることはありません。

　ハリネズミに近い動物というと、モグラが挙げられます。生物学的には、ハリネズミはかつてモグラと同じ「食虫目《しょくちゅうもく》」というカテゴリーに分類されていました。現在は研究が進んで、ハリネズミはハリネズミ目、モグラはトガリネズミ目に分けられていますが、どちらも昆虫を好んで食べ、夜行性であるという共通点があります。

ぼくらは
ハリネズミ目
ハリネズミ科
ハリネズミ亜科
なんだよ♪

ハリネズミは、
ぼくたちモグラに
近いんだよ！

ぼくたちとは
違うんだね……。

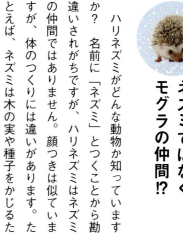

ペットのハリネズミはアフリカ出身!?

ハリネズミは欧米では古くから人に近い存在です。グリム童話のひとつに「ウサギとハリネズミ」というお話しがあったり、公園や庭ではハリネズミが見られたり。そのこともあり、ペットとしての歴史も長くあります。一方、日本では比較的最近になって人気の出たペットといえます。

ハリネズミの仲間は十数種類が知られており（→P18）、ヨーロッパ、中央アジア、アフリカなどに分布しています。このうち日本で飼育できるのは、ヨツユビハリネズミというアフリカ原産の種のみです。以前は中東から中央アジアにかけて分布するオオミミハリネズミなどがペットとして流通していた時期もありますが、現在ヨツユビハリネズミ以外のハリネズミは、日本の法律によって輸入や飼育に規制がかかっています。

また、以前は野生の個体も流通していましたが、現在ペットとして流通しているのは、ほとんどが飼育下で繁殖した個体となっています。

ヨツユビハリネズミ

後ろ脚の
指の本数が
名前の由来だよ！

アフリカハリネズミ属。アフリカ大陸の赤道周辺に分布。サバンナ域の岩影や低木の茂みなどに巣をつくります。ピグミーハリネズミとも呼ばれます。本書では、特に断りがない場合、「ハリネズミ」はヨツユビハリネズミを指します。

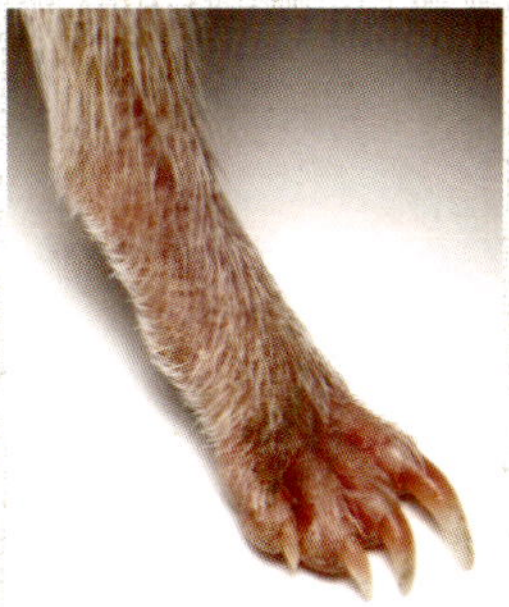

ヨツユビハリネズミの後ろ脚。指は４本あります。他のハリネズミの仲間は５本あります。

ナミハリネズミ

鼻先が
黒いんだ！

ハリネズミ属。ヨーロッパに分布。農地や人家など、人間の生活圏でもよく見られます。ヨーロッパハリネズミとも呼ばれます。

オオミミハリネズミ

大きな耳が
チャームポイント！

オオミミハリネズミ属。中東～中央アジアに分布。地面を掘って、地中に巣をつくります。ミミナガハリネズミとも呼ばれます。

ハリネズミの体のつくり

身を守る針、すぐれた聴覚や嗅覚など、ハリネズミの小さな体には野生でたくましく生きていくためのつくりが備わっています。

目 eye

夜行性なので視力は弱く、色を見分けることはできません。高低差を見分けるのが苦手なので、ケージ内に高すぎる場所をつくらないように。

耳 ear

視力が弱い分、聴覚はかなり発達しています。そのため、騒音や大きな物音は苦手で、音に関してはかなり神経質です。

鼻 nose

嗅覚もすぐれていて、身の周りの匂いには敏感。好奇心旺盛なので、嗅ぎ慣れない物があると、フンフンと鼻先を動かして確認します。鼻の近くに生えているヒゲは、位置確認に使われます。

脚 leg

前脚は５本指で、後ろ脚は４本指。足の裏全体を地面につけ、敵に見つかりにくいように背を低くして歩きます。

歯 tooth

乳歯から永久歯に生えかわると、全部で 36 本の歯が生えます。歯と歯の間にすき間があり、上あごの歯が大きめ。

体の部位ごとに
健康チェックで見るべき
ポイントがあるんだ。
P.78 で解説してるよ！

針

▲頭から背中を針が覆っていますが、頭頂部にはすき間のように針が生えていない部分があります。

spine

頭と背中にびっしりと生えている針は、毛の一部が硬くなったもの。その数は成体で5000本を超えるとも。針はケラチン（人間の爪と同じタンパク質）でできていて、軽いのに硬いのが特徴で、定期的に生え変わります。針を鋭く立てたり、寝かせたりが自由にできます。針の生えていない顔やお腹にはやわらかい毛が生えています。

筋肉

muscle

針の生えた皮膚の下には、体をぐるっと囲むように、伸縮性の高い筋肉（輪筋《りんきん》）がついています。普段は輪筋を伸ばしている状態で、輪筋を収縮させると体がすばやく丸まります。

しっぽ

tail

肛門近くに、小さな突起のようなしっぽがあります。針は生えておらず、短い毛で覆われています。

生殖器

genital

オスとメスの判別は、仰向けにさせて肛門と生殖器の間隔を見ることで確認できます。オスの生殖器は、お腹の中心あたりにあります（陰嚢《いんのう》は体内にあるので見えません）。メスの生殖器は、肛門のすぐ近くにあります。

オス

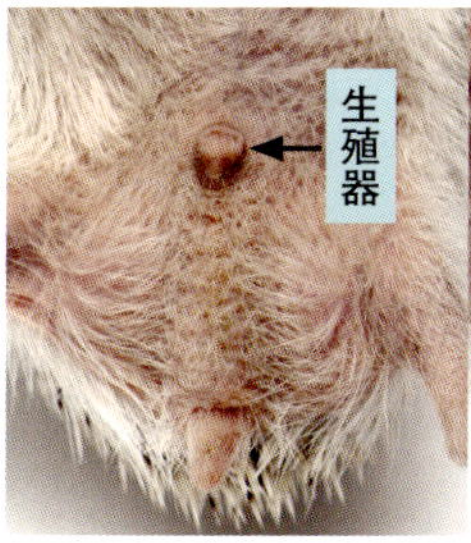

メス

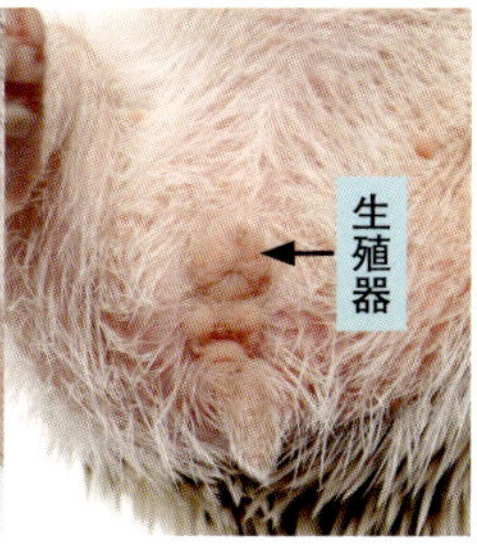

爪

claw

細くとがった爪が生えます。飼育下ではほとんど削れることがないので、伸びすぎに注意。引っ掛けてケガの元になるので、爪切りは必須です（→ P.53）。

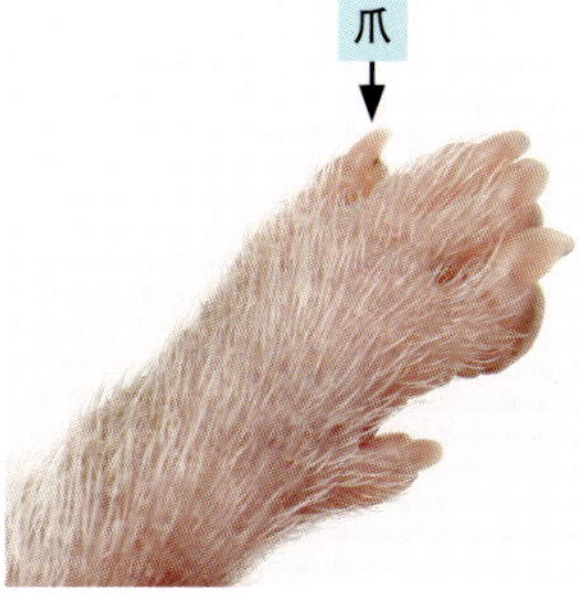

ハリネズミのカラーバリエーション

ハリネズミのカラーバリエーションというと、ゴマシオ模様、
淡いシナモンブラウンなどが浮かぶかと思います。
ここでは日本で入手できる代表的なカラーのハリネズミを紹介します。

カラーの決め手

カラーの判別に使われるのはおもに針の色です。針の色が切り替わっている部分を「バンド」といい、これが重要なポイントとなります。さらに、顔や腹部の毛の色、皮膚の色、眼の色、鼻先の色などとの組み合わせで、カラーが決まります。国際ハリネズミ協会（IHA）という団体では、90種類以上のカラーを認定しています。

さまざまな模様の針。針のバンドや、針全体で描く模様が、カラーを特徴づけます。

Salt & Pepper
ソルト&ペッパー

白い針に黒いバンドが入っているので、「塩胡椒」というわけです。「ノーマル」や「スタンダード」とも呼ばれています。耳や足も黒いことが多く、それによって顔やお腹の白さが目立つのもかわいいポイントです。

Pied
パイド

まだら模様または部分白化の個体を「パイド」といい、ベースになっているカラーをつけて「○○○○パイド」と呼びます。左の写真の子は部分的に真っ白な針が混ざっているソルト&ペッパーで、「ノーマルパイド」と呼ばれます。

Cinnamon

シナモン

針に明るいシナモンブラウンのバンドがあるカラー。全体に白っぽく、鼻先も薄茶色。人気の高いカラーです。

Albino

アルビノ

体全体の黒色素がないので、全身が真っ白です。血管が透けて、皮膚がピンクがかって見える個体もいます。眼球にも黒色素がなく、目が赤く見えるのもアルビノの特徴です。

column

奥深きパイドの世界

パイドのハリネズミの針の模様は、個体ごとにちがいます。右ページのようにところどころ色が違う個体もいれば、右の写真のようにくっきりと色が分かれている個体もいます。ひとつとして同じ模様はないので、ペットショップで気に入った模様のハリネズミを探してみましょう。

ハリネズミのチャームポイント

ハリネズミのかわいらしいポイントを集めました。実物を見る時に、注目してみてください。

ぷりぷりのハリケツ

頭隠して尻隠さず。針の生えていないお尻のかわいらしさは、ハムスターにも負けないよ！

つぶらな瞳

クリッとしたまん丸の瞳。見つめ合ったら、もう目が離せない！

針の立ち方でご機嫌が分かる

ご機嫌斜めの時は、針がピンピンになるよ！

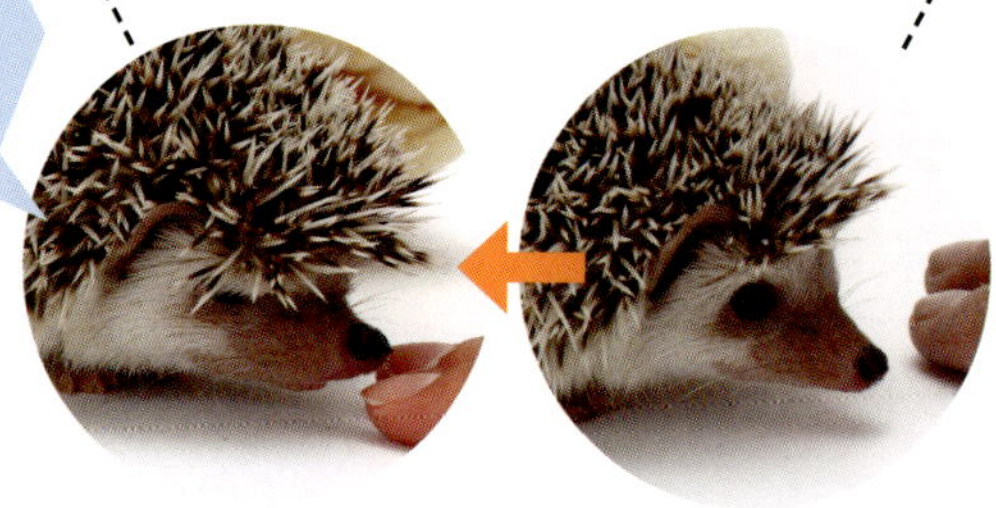

丸々とした仰向け姿

丸まりすぎて、顔がブサカワに……。あんまり見ないで！

狭いところが大好き

狭いところを見つけると、つい入りたくなっちゃう。出てくるまで、待っててね！

Hedgehogs Photo Gallery

ハリネズミ フォト ギャラリー

編集部に届いたかわいいハリネズミ写真の数々。
先輩飼い主さんたちが撮ってくれましたよ！

❶飼い主さんのお名前（アカウント名） ❷ハリネズミのお名前 ❸ハリネズミのチャームポイント

❶川合愛さん ❷まろくん
❸ブタさんぽい、お鼻！

ツンと突き出た
お鼻がキュート！

ウッドチップが体中に！
やんちゃな感じがGood!

❶コアラさん ❷ココアさん ❸手で触れた時にふしゅふしゅ声を出しながら針を逆立ててくるところ。

❶饗場海璃さん ❷カナちゃん ❸とても穏やかな性格で、純粋な瞳に癒されます。

南国ちっくなお花が
よく似合ってまーす！

Live with a hedgehog!

ハリネズミと暮らそう！

**ハリネズミとの暮らしを始めるにあたって、
ペットとしてのハリネズミの性質、
我が家に迎え入れるための心構えや準備など、
事前に知っておきたいことがたくさんあります。**

ハリネズミの飼育事情

ハリネズミは、ペットとしては比較的歴史が浅い動物です。数年前はハリネズミを扱っているペットショップ自体がそれほど多くなく、飼育グッズやフードも選択肢が少なかったので、試行錯誤しながら飼っている人がほとんどでした。過去には、ハリネズミのごはんはキャットフードが定番という時代もあったのです。

今はハリネズミを格段に入手しやすくなっていて、ハリネズミ向けの飼育グッズや専用フードも多く売られています。飼育についての情報も調べればすぐに得られるので、ハリネズミという動物について理解を深め、しっかりと飼っていける環境を整えてから、ハリネズミとの暮らしを始めたいものです。

column

ハリネズミの医療事情～事前に動物病院に確認しよう～

ハリネズミを飼おうとしている人なら、「エキゾチックアニマル」という言葉を耳にしたことがあるでしょう。海外から輸入される珍しい小動物に対して使われることが多い造語ですが、ペット向けの獣医療の分野では「犬や猫以外の小動物」を示します。

エキゾチックアニマルの診療を行う動物病院は増えてきていますが、ハムスターやフェレットなどと比べると、ハリネズミはまだまだ珍しいペットといえます。飼い始める前に、近隣の動物病院でハリネズミを診察・治療してもらえるかどうかを確認しておきましょう（→P.77）。

動物病院のウェブサイトでも診療対象動物はチェックできます。

ペットとしてはどんな動物？

ハリネズミの寿命や大きさ、性格など気になるギモンにお答えします。

Q 大きさは？

個体ごとに大きな差がありますが、成体で**20㎝**前後です（鼻の先からお尻まで）。オスとメスに体格差はほとんどありません。

Q 重さは？

成体で**300〜600g**です。飼育下では太りやすいので、**運動**（→P.54）と定期的な**体重測定**（→P.53）が必要です。

Q 寿命は？

個体差はありますが、**5〜8**年です。

Q 匂いは？

体臭はほとんどありません。匂うとしたら食べ残しや排泄物が原因。**衛生的な飼育**を心がけましょう。

Q 鳴き声は？

犬や猫のような**大きな鳴き声は出しません**。感情に合わせて、**鳴き声が変わります**（→P.63）。

Q 活動時間は？

夜行性なので、日中は寝ていて、夜になると活発になってケージ内を歩き回ります（→P.24）。

Q 性格は？

警戒心が強く臆病で、犬や猫のように**人になつくような動物ではありません。過度なスキンシップや大きな音が苦手**なので、小さなお子さんがいる場合は驚かさない配慮が必要です。

Q 他の動物と一緒に飼える？

ハムスターやフクロモモンガなどの**小動物**は、ケージを分ければ、同じ室内で飼っても問題ありません。**爬虫類**の多くの種と飼育する際の適切な温度（→P.56）が近いので、一緒の部屋に飼っている人が多いようです。屋内で放し飼いにしている犬や猫は、あまり近づけないほうがよいでしょう。

Q コミュニケーションは？

ハリネズミはなつきませんが、時間をかけて警戒心を解いていけば、**飼い主に少しずつ慣れていきます**（→P.48）。ただし、個体ごとの性格によって、慣れ方に差があります。

飼い主になる人に知っておいてほしいこと

どんなペットにもいえることですが、ハリネズミを飼うからには最後までお世話をする心構えが必要です。仮に事情があって飼えなくなったとしても、自然に放すようなことはあってはなりません。

ハリネズミの仲間には、寒い冬を乗り越えるために冬眠する種もいますが、アフリカ出身のヨツユビハリネズミには、そもそも冬眠する能力が備わっていません。自然に放すと、過酷な日本の冬に対応できずに死んでしまいます。

仮に、奇跡的にヨツユビハリネズミが冬を越すことができ、野生で生き抜いたとしても、日本の生態系に影響を与えるとして、「特定外来生物」に指定されてしまう可能性があります。そうなると、日本でハリネズミをペットとして飼育できなくなるおそれもあるので、お迎えした子を最後まで大切に育ててあげてください。

column

ハリネズミと外来生物法

昨今、ハリネズミが日本国内で野生化したというニュースを目にした人は多いでしょう。本来日本にはいない動物なので、人の手で日本に連れてこられたハリネズミが捨てられたり、逃げたりして、野生化したと考えられます。

外来生物法（特定外来生物による生態系等に係る被害の防止に関する法律）は、外国の生物が日本の生態系や産業に被害を及ぼすことを防ぐために定められた日本の法律です。この法律で「特定外来生物」に指定された生物は輸入や飼育などが原則禁止され、「未判定外来生物」に指定された生物は輸入の際に国への届け出が必要となります。ハリネズミの仲間（ハリネズミ亜科）のうち、ハリネズミ属は特定外来生物に指定されていて、残りはヨツユビハリネズミ以外の全てが未判定外来生物に指定されています。ヨツユビハリネズミは、世界的にペットとして繁殖個体が流通していること、野生では日本の冬を越せないことを理由に指定から外れています。

〈ハリネズミの仲間の分類〉

ハリネズミ目 ― ハリネズミ科 ― ジムヌラ亜科
　　　　　　　　　　　　　 └ **ハリネズミ亜科**

ハリネズミ亜科

アフリカハリネズミ属
- ヨツユビハリネズミ
- アルジェリアハリネズミ
- ケープハリネズミ

など

ハリネズミ属
- マンシュウハリネズミ
- ナミハリネズミ
- ヒトイロハリネズミ

など

オオミミハリネズミ属
- オオミミハリネズミ
- ハードウィケハリネズミ

Mesechinus 属
- ダウリアハリネズミ
- モリハリネズミ

インドハリネズミ
- インドハリネズミ
- エチオピアハリネズミ

など

静岡県の伊豆半島で撮影された、野生のマンシュウハリネズミ（アムールハリネズミ）。本来の生息域は東アジアから北東アジア。環境省が発表している情報では、静岡県、神奈川県などで定着（野生化して継続的に繁殖している状態）していることが確認されています。ハリネズミ属は冬眠することができるので、日本の冬に対応できたと考えられます。

ハリネズミを お迎えする前の心構え

次のページからは、ハリネズミをお迎えするまでの流れを紹介します。
その前に、飼い主としての心構えをチェックしましょう。

心構え・その❶

家族の一員として最後までお世話する

ハリネズミの寿命は5～8年と、きちんとお世話すればかなり長生きしてくれます。シニアハリネズミになってくれば、体調不良やできないことも増えてくるでしょう。家族の一員として迎えたからには、何があっても最後までお世話をすることを忘れないでください。

心構え・その❷

ハリネズミを飼うには手間とお金がかかる

ケージ内の掃除、ごはんや水やり、運動タイムなど、毎日のお世話は欠かせません。家を長く不在にするなら、預ける先や代わりに世話をする人が必要です。また、地域や季節によっては温度管理のためにエアコンを常時つけることが推奨されますし、フード代も毎日のことですからバカになりません。大変かもしれませんが、すべてハリネズミと暮らすために必要なことです。

心構え・その❸

ストレスの少ない環境づくりを心がける

ハリネズミを迎える際には、落ち着ける環境をつくってあげましょう。たとえば、聴覚のすぐれたハリネズミは、大きな音や騒音が苦手です。テレビの横などにケージを置いたら音がうるさいのではないだろうか、といった配慮が大切です。ストレスの原因となるものを減らしてあげると、ハリネズミがリラックスでき、飼い主に慣れやすくなります。

ハリネズミはどこからお迎えする？

ハリネズミの入手先として代表的なのは、ペットショップとブリーダーです。初めて飼うなら、購入後のアフターケアを考え、エキゾチックアニマルを多く扱うペットショップを第一候補にするのがよいでしょう。豊富な飼育経験と知識でハリネズミとの暮らしをサポートしてくれます。ブリーダーは、珍しいカラーの子に出会える可能性があります。

ペットショップに行くか、ブリーダーに見学の予約をすれば、たいていは実物を見てさわることができます。サイズ感や動き方、針の硬さやお腹の柔らかさなど、実物とふれあって初めてわかることがたくさんあるので、まずは足を運んでみましょう。

ちなみに、哺乳類（ハリネズミが含まれる）、鳥類、爬虫類は「動物愛護法」によって購入する者と販売する者が直接会って引き渡す「対面販売」が義務づけられており、通信販売で購入する場合にも事前に、直接現物（買おうと思う動物）の確認などを行う必要があります。

ペットショップ選びのポイント

エキゾチックアニマルを多く扱うお店を探してみましょう。
家族の一員を迎えるのですから、信頼関係を築けるショップがベストです。

チェックポイント

- ☑ 質問にしっかりと答えてくれるか？
- ☑ 店内のケージが不衛生ではないか？
- ☑ 狭いケージにたくさん飼われていないか？
- ☑ ハリネズミの価格が安すぎないか？
- ☑ 飼育グッズやフードの品揃えが豊富か？
- ☑ 予算に応じた提案をしてくれるか？
- ☑ ない商品の取り寄せに応じてくれるか？

店内の雰囲気も大事なポイント。清潔感や匂いもチェックしましょう。

スタッフさんとは積極的にコミュニケーションをとってね。購入後も飼育の相談に乗ってくれるよ！

スタッフさんには、気になることはしっかり相談。飼う際の大変さなども聞いてみて、納得してから購入しましょう。

家族の一員になる ハリネズミ選び

見た目のかわいらしさやカラーなど、優先順位は人それぞれですが、
その子と一緒に長く暮らしていくという視点で選んでください。

年齢は?

小さいうちから飼い始めるほうが、新しい環境に早く慣れます。ただし、生後2か月を過ぎていて、最低でもフードが食べられるようになっていることが前提です。

オス?　メス?

ハリネズミは、オスとメスで極端な性質の違いはありません。性質は個体差のほうが大きく、お店での様子を聞いたり観察するとよいでしょう。

カラーは?

ペットショップでは、ソルト&ペッパーかシナモンの扱いが多いようですが、希望のカラーの子がいなければ、スタッフさんに相談しましょう。

健康状態は?

日中は寝ていることが多いので、夕方以降の活動時間帯の様子を確認するのがおすすめ。

耳

耳のふちがギザギザしたり、欠けていたりしないか?

目

目やにがついていないか?

鼻

鼻水やくしゃみをしていないか?

針

針の抜け落ちがひどくないか?

しぐさ

体をかゆがっていないか? 歩き方がふらついていない?

ハリネズミを我が家に迎えよう

いよいよハリネズミが家にやってくる！飼い主さんはうれしさでいっぱいかもしれませんが、当のハリネズミはいきなり新しい環境に連れてこられて、心身ともに疲れ切っています。ただでさえ臆病なハリネズミは、不安や恐怖で体調を崩してしまいかねません。購入後、まずは家になるべく短時間で連れ帰り、ケージに入れてごはんと水をあげて、その日はできるだけかまわないようにしましょう。

家に来て数日は、警戒心が残っていて、丸まって顔を見せてくれないかもしれませんが、徐々に慣れていくので心配せずに。むしろ、そんな時に何度も声をかけたり、さわったりするのは控えましょう。できるだけストレスを与えない配慮をして、「今度の新しい家も、そんなに怖くないところなんだ」と早く認識してもらうことが大切です。

おうちに迎える際に注意したいこと

お迎えする前にあらかじめ準備しておきたいこと、
お迎えしてから気をつけたいことを紹介します。

ケージや床材はお迎えの前に用意しておく

お迎えしてから用意するのはNG。ハリネズミのストレスは高まる一方です。家に着いたら、あらかじめ用意しておいたケージにすぐに入れてあげましょう。

隠れられるスペースをケージ内に用意する

人に見られることを慣らすために、隠れ場所をつくらない飼い方（→P.33）もありますが、お迎えして数日は、緊張しているハリネズミが安心感を得られる場所をつくってあげましょう。

ハリネズミのおうちや飼育グッズについては、P.32 ～ 37 で詳しく紹介しているよ！

フードや水の準備も忘れずに

家に迎えた日の夜、最初のごはんをしっかり食べさせてあげられるように、フードや給水ボトルなども忘れずに用意しておきましょう。神経質な子は、急にフードを変えると口をつけない可能性があります。購入する際に、それまで食べていたフードを分けてもらうか、購入するかしておくと安心です。

お迎えして数日は慣れ親しんだごはんを与えましょう。

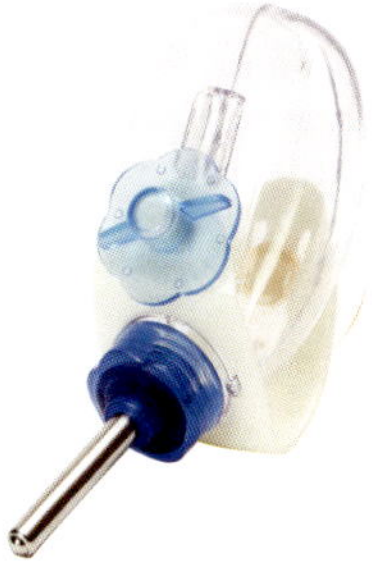
給水ボトルなども忘れずに。ボトルに慣れていない子の場合は、小皿に水を入れましょう。

ハリネズミが落ち着いたら

健康チェックのために病院へ連れて行く

かかりつけ病院をつくっておく意味でも、お迎えしてハリネズミが落ち着いたら、動物病院で健康チェックをしてもらうと良いでしょう。実は問題を抱えていたという場合も、早めの診察で悪化を防げます。

フードやおやつについては、P.38 ～ 43 を見てね！

キャリーケースやキャリーバッグ（→ P.35）を用意しておくと、病院に連れて行くときに便利です。

大きな物音を立てたり、かまいすぎない

室内でできるだけ静かな場所にケージを置いて、物音で驚かせないようにしてあげましょう。また、初日からかまいすぎるとおびえてしまうので、徐々に慣らしていきましょう。

季節によっては

エアコンで室温調節をしておく

ハリネズミは、温度管理が必要な動物です。お迎えの時期が暑い季節や寒い季節の場合、室温をあらかじめ調節しておきましょう（→P.56）。

column

匂いで飼い主さんに早く慣れてもらう

　ハリネズミは、匂いで人や物の判断をしています。お世話をする人の匂いがいつも同じになるように、香水などはつけず、手洗いの石けんもひとつの香りにしぼるほうがよいでしょう。また、飼い主さんの匂いがついたハンカチ（目の細かい、爪のひっかからないもの）などを寝床に入れておくと、匂いに慣れて、お世話をしやすくなることがあります。

ハリネズミの1日のサイクル

1日の中のハリネズミの大まかな行動と、それに合わせたお世話の流れを紹介します。

ハリネズミの行動

睡眠中

ZZZ…

起床

6:00 8:00 10:00 12:00 14:00

おやすみタイム

お世話の流れ

様子を確認

朝方はハリネズミがぐっすり寝ている時間帯です。様子を確認するなら、起こさないようにそっと確認しましょう。

水を切らさないように!

フードは食べさせる時に与えればよいですが、水は一日中たっぷりあるほうが安心です。朝はハリネズミの様子を見るとともに水の量も確認して、減っていたら補充しましょう。

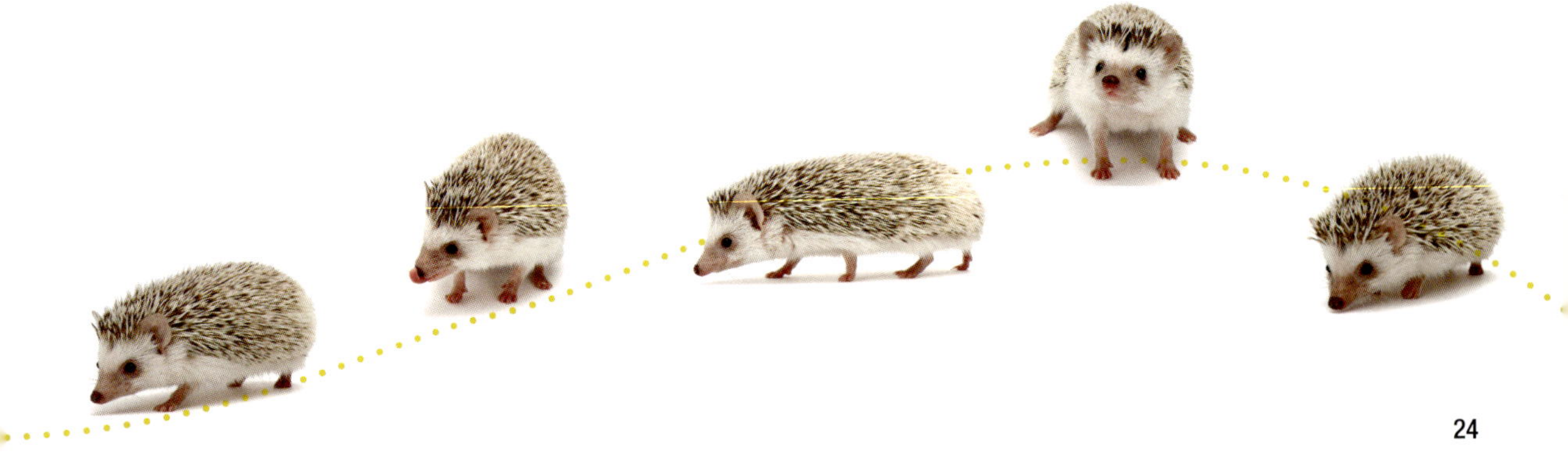

食事

運動

就寝

16:00 ・ 18:00 ・ 20:00 ・ 22:00 ・ 24:00 ・ 2:00 ・ 4:00

活動タイム

ごはんの用意（→P42）

夕方になると目を覚まして動き始めるので、ケージにフードやおやつを入れてあげましょう。給水ボトルの水も忘れずに交換しましょう。

掃除（→P52）

食事が済んだら、ケージ内の掃除をしましょう。ケージから出して運動をさせている間に、掃除をすれば一石二鳥です。

運動（→P54）

ハリネズミが最も活発になるのは、19〜24時の時間帯といわれています。手に乗せてふれあったり、サークルを使って広い場所で運動させたりしましょう。

ファイル 1 小川さんファミリー

運動大好き！ レイとのハリネズミライフ

とある事情で、小川さんファミリーの元にやってきたハリネズミ。
今では大事な家族の一員です。

小川さんファミリー。左から明美さん、真優ちゃんとレイ、直人さん。

レイ's Profile

性別	メス
年齢	1歳未満
体長	17cm
体重	300g
カラー	ノーマルパイド

飼うきっかけはピアノの先生

小川直人さんは、ロシアリクガメとボールパイソンを飼育している爬虫類愛好家です。その影響もあって、娘の真優ちゃんも動物が大好き。そんな真優ちゃんが通うピアノ教室の先生から、事情があって飼えなくなったハリネズミの譲渡の誘いがありました。ハリネズミの飼育は、温度管理など、爬虫類飼育に通じる部分が多いですし、何よりハリネズミを飼ってみたいという真優ちゃんの希望で、小川家にお迎えすることになりました。

飼い始めてまだ3か月ほどですが、人慣れが早くて元気なレイはあっという間に家族の人気者に。ビニールプールを必死でよじ登ろうとする姿や、膝の上で眠る姿は、爬虫類とはまた違ったかわいさがあり、小川さんファミリーを癒しています。普段のお世話は、お母さんの明美さんに協力してもらって、真優ちゃんが毎日頑張っているそうです。新しい飼い主さんにかわいがってもらって、幸せそうに暮らすレイでした。

レイとルームメイトたち

小川さんのお宅では、空いた1室を飼育部屋にしていて、レイとルームメイトの爬虫類が暮らしています。エアコンで温度管理もして、ペットたちには快適な環境です。

ロシアリクガメのみやび（10歳、メス）。

ボールパイソンのかげちよ（4歳、オス）。

レイのおうちはここ。動き回るので、床の上にケージを置いています。

コオロギ
大好き！

小川さんのハリネズミ飼育データ

ケージ
シャトルマルチ 70（三晃商会）
W700×D440×H395mm

床材
ペットシーツ

フード&おやつ
ひかりハリネズ（キョーリン）
イエコドライ（月夜野ファーム）

給餌頻度と量
毎晩、フードを15g程度、
時折コオロギも与える。

メンテナンス
毎朝、ケージ内清掃とシーツ交換、
水を入れ替える。

レイ's Foods

ハリネズミ用ペットフードを基本に、おやつとして乾燥コオロギを与えています。

ケージと飼育グッズは、ベーシックな組み合わせです。床材はウッドチップを試したところ、レイにアレルギーが出たため、ペットシーツを試したそうです。レイはペットシーツを掘らなかったので、そのまま使っています。

レイ's House

ビニールプールが大活躍!

真優ちゃんが小さいころに使っていたビニールプールをリサイクル。適度な高さがあるのでサークルの代わりになり、レイを入れて砂浴びとお散歩をさせます。

ビニールプールの中のプラケースに入っているのは赤玉土。砂浴びをさせると、毛ヅヤがよくなるそうです。

毎日運動できて、
うれしいな♪

ペットシーツは掃除が楽ちん♪

ビニール袋をかぶせた手で、ペットシーツを丸めていき、そのままビニール袋をひっくり返します。すると、手を汚さずにペットシーツを片づけられます。

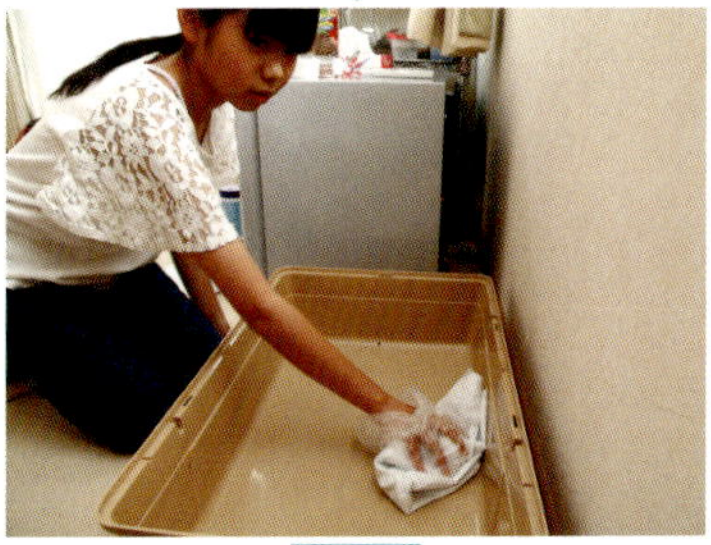

Make a hedgehog house!

ハリネズミのおうちをつくろう！

ハリネズミがストレスのない健康な毎日を送れるよう、
安全で快適なおうちを用意してあげましょう。
ハリネズミが入った時のことを考えながら、
楽しんでおうちづくりをしてみてください。

おうちは部屋のどこにつくる?

部屋の間取りや生活動線にもよりますが、可能な限り、騒がしくない場所を選びましょう。振動の少なさも重要なポイントです。ドアの開け閉めなどでケージが揺れると、ハリネズミは落ち着けません。

また、夜行性だからといって、一日中暗い場所におうちを設置するのもNG。体内時計が狂って、ホルモンのバランスが崩れやすくなります。日中は明るく、夜は暗くなるような場所が適しています。ただし、気温差が激しくなるので、直射日光が当たる場所はやめましょう。

レイアウトのポイント

ハリネズミは、ひとつのケージに1匹で飼うのが基本です。ハリネズミは匂いに敏感なので、自分の匂いがついたおうちで生活することで、落ち着いた暮らしを送れるようになります。

おうちのレイアウトは、ハリネズミの安全と暮らしやすさが前提となるので、ケージ内にあまり飼育グッズを詰め込みすぎないようにしましょう。毎日お世話していくのですから、掃除のしやすさも大切なポイントとなります。

POINT 1

安全性

飼育グッズを詰め込みすぎると、物に挟まったり、物が倒れたりといった危険が生じます。ケージ内に高低差をつけすぎるのも、落下の原因となります。

POINT 2

ハリネズミの暮らしやすさ

寝床はケージの入口から離れているほうが、ハリネズミが安心して休めます。フード皿と水は近くにあるほうが合理的ですし、フード皿とトイレが隣り合わせでは衛生的に問題があります。

POINT 3

掃除のしやすさ

毎日のことですから、ふんやおしっこの処理、床材の交換などがしやすいレイアウトに。全てを下置きにすると動かす手間がかかるので、ケージに取り付けられる給水ボトルなども利用しましょう。

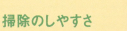

おうちレイアウトの基本

ここでは、基本となるレイアウトと、いくつかのバリエーションを紹介します。

基本のレイアウト

必要最低限の飼育グッズだけを使い、
ケージ内の床面積を広めにしています。

バリエーション

運動用に回し車を取り付けたレイアウトと、
離れていても見やすい水槽を使ったレイアウトです。

運動器具もプラス!

透明な水槽で見やすく!

基本の飼育グッズ

おうちレイアウトに欠かせない飼育グッズと、
選ぶ際の目安やポイントを紹介します。

ケージ・ケース

小動物用のケージは、扱いやすくて掃除も容易なので、ペットショップのスターターセットにもよく採用されています。夏場は風通しが良いですが、冬場は温度管理に注意が必要。また、底面が金網になっているものは、爪が引っ掛かって、ケガにつながるので避けましょう。
ケージ以外ではガラス製や樹脂製のケースがあり、素材ごとに優れた特性があります。ケージと比べて密閉度が高いものが多いので、冬場は保温がしやすい利点があります。それ以外の季節では、高温や蒸れに気をつけましょう。

ケージ

金網を使ったケージは軽量で丈夫、サイズが豊富、価格が手頃などの特徴があります。金網の形状や色によっては、やや観察しにくいものもあります。ふたがしっかりと閉まるものを選びましょう。写真は上部が金網、底面が樹脂製のタイプ。
シャトルマルチ 70（三晃商会）

ガラスケース

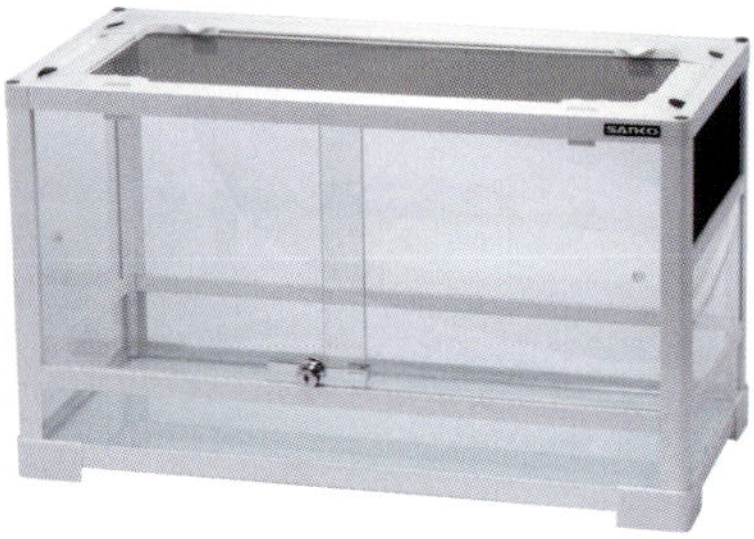

ガラスをメイン素材に使ったケースもあります。ガラスは透明で観察がしやすく、傷がつきにくい素材ですが、手荒に扱うと割れたり、欠けたりするので気をつけましょう。写真は前開きでお世話がしやすく、上部は通気性を保つメッシュとなっています。
パンテオン ホワイト WH6035
（三晃商会）

扉がしっかり
閉まるものを
選んでね！

アクリルケース

透明度が高いアクリルを使ったケースは、観察がしやすく軽量で扱いやすいのが特徴です。素材に柔軟性があるので破損することは稀ですが、やや小さな傷がつきやすい面もあります。写真は前開きでお世話がしやすく、通気性を保つ孔が上部や側面に空けられています。
アクリルルーム510Low
（ジェックス）

ケージのサイズの目安

はじめてのケージであれば、底面積60cm×45cm程度を目安に選ぶとよいでしょう。これより狭いものはおすすめできません。底面積が90×60cmほどの広いタイプであれば、ハリネズミがのびのび暮らせて、運動もできます。ただし、その分掃除の手間もかかります。

プラケース

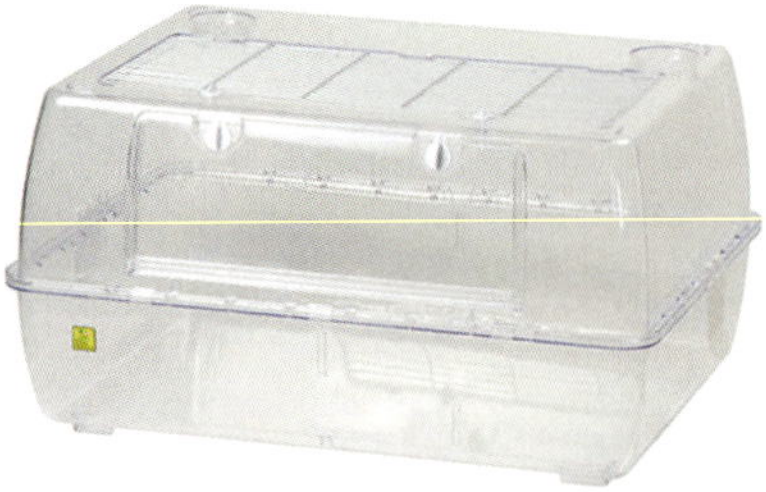

プラケースは軽量で丈夫、観察がしやすく、価格が手頃という特徴があります。上記のアクリルケースと同様に、やや小さな傷がつきやすいので気をつけましょう。写真はハリネズミの飼育もできる大型のプラケース。
ルーミィ 60 ベーシック
（三晃商会）

フード皿

ハリネズミがひっくり返せないように、重みのある陶器製のものを選びましょう。

セパレートタイプのフード皿。適度な深さがあるものを選びましょう。ハッピーディッシュ ハーフ（三晃商会）

サイズが合えば、
ステンレス製の
容器もOKだよ！

給水器

先端をなめた時だけ水が出るボトルタイプが衛生的でおすすめです。ボトルタイプが苦手な子には陶器製の水入れを使い、こまめに水を入れ替えましょう。

床置きタイプの給水ボトル。ボトルを取り付けられないケージ・水槽に。ハッピーサーバー（三晃商会）

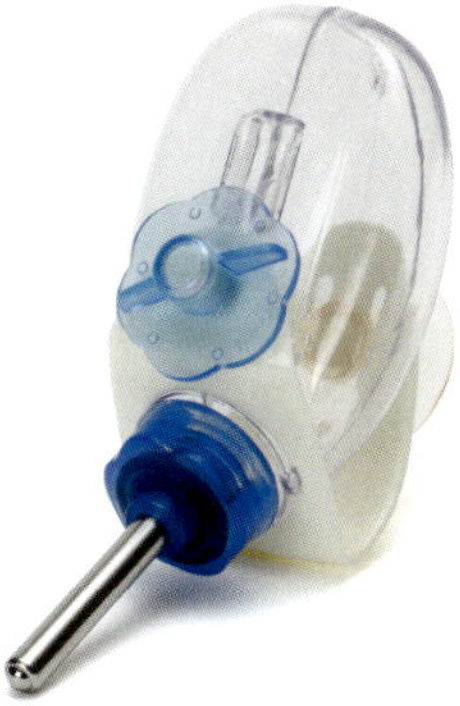

マルチタイプの給水ボトル。ケージの金網にも水槽の壁面にも取り付けられます。底面スペースの節約にもなります。フラットアクアボトルマルチ150mℓ（ジェックス）

寝床

身を隠せる場所があると、ハリネズミは安心して眠ることができます。ただし、寝床は熱や湿気がこもったり、ダニが発生したりすることがあるので、衛生面に注意を。

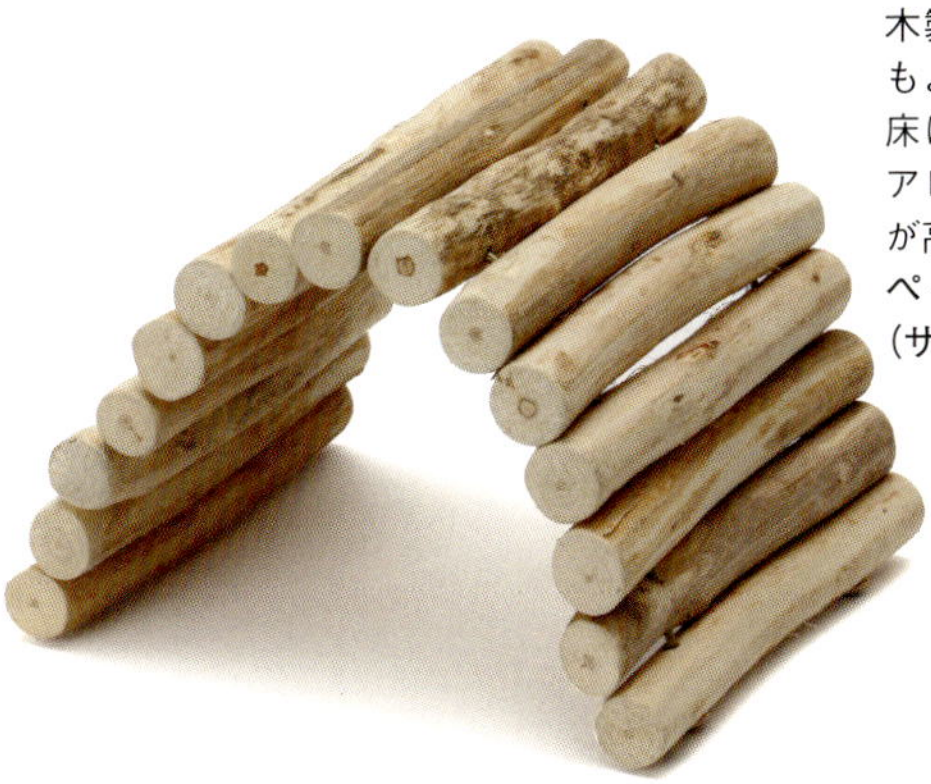

木製のアーチタイプ。寝姿もよく見えます。木製の寝床は材質に注意。針葉樹はアレルギーを起こす可能性が高いので避けましょう。ペットナチュラルバー M（サカイペット産業）

巣箱はなくても大丈夫？

完全に身を隠せる巣箱タイプの寝床は、狭いところを好むハリネズミに向いています。しかし、臆病な性格の子だと、中にずっと引きこもってしまうことも。人に見られることに慣らすため、あえて寝床をつくらないで飼っている人も多いようです。

一度入ると
出たくなく
なっちゃう！

フリース地の寝袋。保温性に優れているので、冬場はおすすめ。フリース地なら、爪が引っ掛かりにくくて安心です。ふんやおしっこで汚れやすいので、こまめにチェックを。
ハリネズミベッド（三晃商会）

あると役立つ飼育グッズ

ケージ内に設置するグッズや、
お世話をする際に役立つグッズを紹介します。

トイレ

ハリネズミは、基本的には決まった場所に排泄をしません。ただし、トイレトレーニング（→ P.52）をすると、まれに同じ場所にするようになる子もいるようなので、試してみてもよいでしょう。

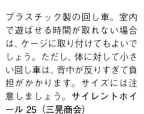

トイレ容器。体の大きさや、ケージ内のスペースに合ったものを選びましょう。
ハリネズミ スロープトイレ（三晃商会）

いわゆる猫砂と同じですが、砂が固まらないタイプを選んで。固まるタイプはNG。肛門や生殖器について固まり、炎症を起こす恐れがあります。
ハリネズミサンド（三晃商会）

運動器具

ケージがそれほど広くない場合は、運動不足になりがちです。ケージ内外で運動できる環境をつくってあげましょう。

金網タイプの
回し車は爪が引っ掛かって
ケガをすることがあるよ。
注意してね（→ P.55）！

プラスチック製の回し車。室内で遊ばせる時間が取れない場合は、ケージに取り付けてもよいでしょう。ただし、体に対して小さい回し車は、背中が反りすぎて負担がかかります。サイズには注意しましょう。**サイレントホイール 25（三晃商会）**

陶器製のトンネル。くぐって遊ぶほかに、陶器で爪が削れる効果も期待できます。**テラコッタトンネル M（三晃商会）**

組み立て式のサークル。円形に組み立てて床に置き、中にハリネズミを入れます。ケージよりも広めのスペースで運動させられます。**ジャンガリアンのプチサークル（ジェックス）**

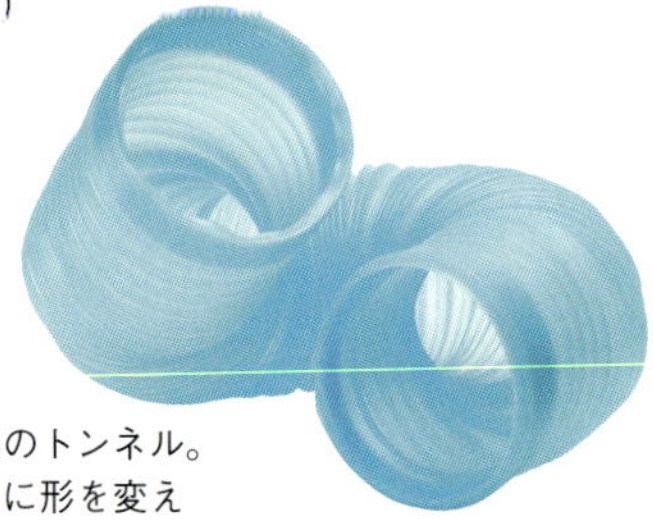

プラスチック製のトンネル。ジャバラで自由に形を変えられます。**ジャバラトンネル10（三晃商会）**

キャリーケース・キャリーバッグ

掃除のためにケージから出す時や、病院に連れて行く時など、小動物用のキャリーケースやキャリーバッグが便利です。

布製のキャリーバッグ。カジュアルな見た目なので、ハリネズミを運んでいると気づかれにくい点がおすすめです。**小動物用キャリーバッグ（レインボー）**

キャリーケース。大きすぎると、持ち運ぶ際に中で動いてしまうので、体のサイズに合ったものを選びましょう。**いっしょにおでかけ ウィズキャリー S（三晃商会）**

その他のグッズ

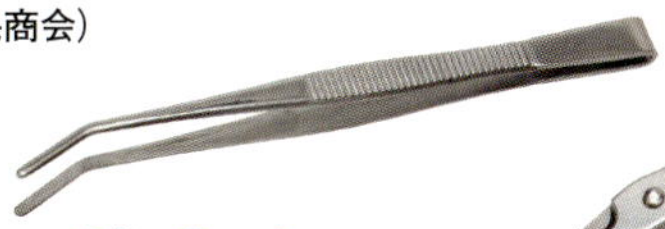

ピンセット

ミルワームやコオロギなどの昆虫を扱うのに使う必需品です。専用のものをひとつ用意しておきましょう。

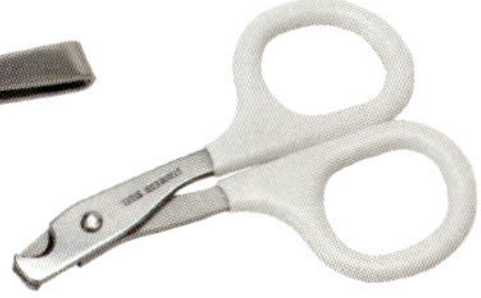

爪切り

小動物用のハサミタイプの爪切り。飼育されているハリネズミは、爪の伸びすぎでケガをしやすいので、爪切り(→P.53)は必須です。**ネイル・クリッパー（三晃商会）**

革手袋

針を通しにくいので、丸まった状態でも抱えやすく、掃除や爪切り、健康チェックの時に役立ちます。
ジクラアギト 万能グローブ（ジクラ）

温度・湿度計

デジタル式で、最高温度と最高湿度を記憶するタイプが便利です。ケージ内を快適な温度、湿度(→P.56)に保ちましょう。

トイレスコップ

手をふれずに、ふんや汚れた床材をすくえるので、毎日の掃除が楽になります。

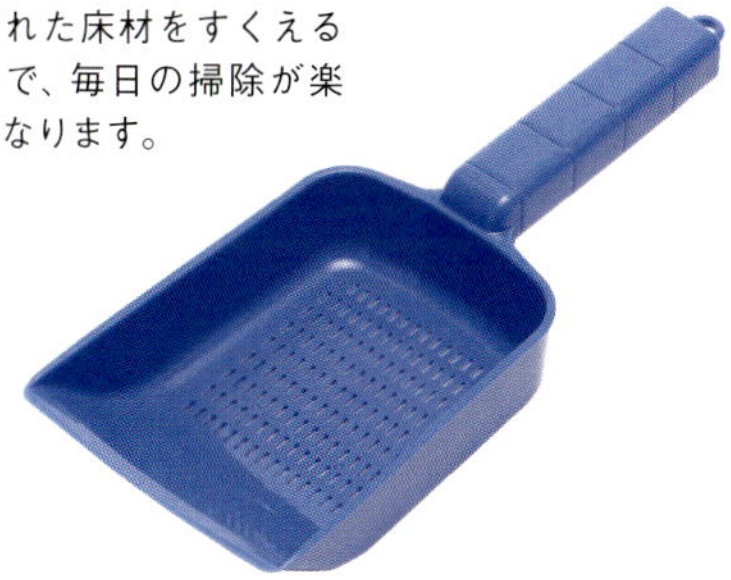

お世話に
役立つもの
ばかりだね！

スケール

健康管理のための体重測定(→P.53)には、キッチンスケールが役立ちます。

床材はなぜ必要？

床材はケージの底面に敷くもので、人間にとってのカーペットや布団に近い役割を果たします。歩く時の足の裏の保護や、眠る時の保温効果が期待できます。さらに、ハリネズミはケージ内のいたるところに排泄するので、ふんやおしっこで体が汚れるのを防ぐ役割もあります。

床材には非常に多くの種類がありますが、自然に近い素材なら何でも良いという訳ではありません。たとえば、針葉樹を使ったチップは、ハリネズミがアレルギーを起こす可能性が高いといわれていますし、牧草は吸水性が低く、室内ではカビが生えやすい傾向があります。

左のページでは、おすすめの床材とその特徴を紹介しています。ケージ掃除のしやすさ、入手しやすさ、コストパフォーマンスなども考慮し、いろいろ試したうえで、飼っているハリネズミに合うものを選んでください。

床材選びのポイント

床材を選ぶ決め手となるポイントです。
ハリネズミの健康にもかかわるので、しっかり検討しましょう。

衛生面

床材は毎日全交換するものではないので、排泄物を見つけやすいものがベターです。しっかり吸水するものを選ばないと、雑菌やダニが発生しやすくなります。

安全性

かじったり、誤食したりするので、体に害のないものを選びましょう。細かいカスが舞うタイプは、吸い込んで呼吸器系の疾患を引き起こす可能性があります。

手軽さ

汚れがわかりやすいタイプの床材は、そこだけを捨てればよいので、毎日のお世話が楽になります。

コスト

消耗品ですから、コストパフォーマンスや入手しやすさは切実なポイントです。気兼ねなく交換できるものを選びましょう。

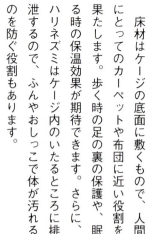

使いやすい床材

ハリネズミも人間と同じように、体質が個体によって異なります。
はじめは少量を入手して、しばらく試して様子を見るのがよいでしょう。

トイレ砂（紙タイプ）

古紙が原料。高い吸水性と消臭効果が魅力です。水分を含むと崩れるので、汚れている部分が容易にわかりますが、掃除にやや手間がかかります。吸水で固まるタイプは、体にくっついて炎症の原因となるのでNG。**ハリネズミリター（三晃商会）**

コーンリター

コーンの芯が原料。自然素材なので誤食しても問題ありません。粒が細かく、歩くと音が鳴ります。吸水性と消臭効果は高めですが、色の変化が少なく、汚れが見つけにくいかもしれません。ハリネズミが掘って遊びます。**コーンクリーンベッド（マルカン）**

クルミリター

砕いたクルミの殻が原料。自然素材なので誤食しても問題ありません。粒が細かく硬いので、コーンリターよりも大きめの音が鳴ります。吸水性はあまり高くなく、やや粉塵が出やすい面もあります。ハリネズミが掘って遊びます。**クルミの床材（ビバリア）**

ウッドチップ（広葉樹）

広葉樹が原料でアレルギーの心配が少なく、クッション性、吸水性、消臭効果が高めです。商品や使い方によっては粉塵が出やすいので、掃除に手間がかかることも。事前に粉塵を落としてから使用するとよいでしょう。**ジクラアギト 万能消臭チップ（ジクラ）**

column

ペットシーツはあり？　なし？

上では紹介しませんでしたが、ペットシーツを使う飼い主さんも多くいます。メリットは、吸水性が抜群で、掃除がしやすいことです。値段も手ごろです。しかし、床材を掘るのが好きなハリネズミは、シーツを掘ってボロボロにしがちです。シーツの中身を食べると危険なので、安全面からはおすすめできません。

Feed a hedgehog!

ハリネズミにごはんをあげよう！

おうちに迎えたハリネズミには、しっかり食べて
元気に過ごしてもらいたいものです。
ハリネズミのごはんやおやつなどについて知っておきましょう。

ごはんの基本はハリネズミ用フード

ハリネズミは雑食性の動物です。野生での食生活についてはわかっていないことも多いのですが、主に昆虫やミミズなどを食べて動物性たんぱく質や脂質を摂り、植物なども食べて繊維質を補っているようです。

おうちのハリネズミの場合、必要な栄養がバランスよく配合されているハリネズミ用のペットフードが主食になります。フードだけでも栄養面は問題ありませんが、昆虫類や果物、野菜を喜んで食べる子も多いので、おやつとして少量与えるようにしましょう。

おやつについては P.40
ごはんの与え方は P.42 で
紹介しているよ！

column

ハリネズミの偏食

ハリネズミは実はとてもグルメな動物です。１種類のフードを与えられていたハリネズミが、飽きて食いつきが悪くなるというケースが多く見られます。かといって、急に別のフードに変えると、一切食べなくなってしまうこともあります。

フードの偏食は日頃の工夫でふせげます。たとえば、普段から数種類のフードを混ぜて与え、日ごとに各フードの割合を変えてみましょう。手軽に味に変化をつけられます。フードを水でふやかすのもひとつの手です。水の分量やふやかす時間を調節すれば、食感にバリエーションが出せます。ごはんは、ハリネズミの健康を大きく左右するので、手間を惜しまず、いろいろ試してみましょう。

ハリネズミ用のペットフード

近頃は、国産のハリネズミ用ペットフードが増えていて、
選択肢が多くなっています。外国産のフードにも定番のものがあります。
偏食対策のためにも、いくつかのフードを手元に置いておきましょう。

牛や魚などの動物原料を使わず、昆虫と果物を主原料にしたフード。メーカー独自のひかり菌配合により、ふんやおしっこの匂いを軽減してくれます。
ひかりハリネズ（キョーリン）

水でふやかす前（左）と、ふやかした後（右）のひかりハリネズ。水でふやかすのを前提にしたフードです。すばやく吸水してモチモチとした食感になりますが、ハリネズミの歯につきにくく、ベタつきません。

粉砕トウモロコシや魚粉などを主原料に、ビタミンやアミノ酸を配合。小粒で、食べやすいサイズ感です。
ジクラアギト ハリネズミ専用フードottimo10（ジクラ）

国産鶏肉や昆虫粉を中心に、さまざまな原料でつくられているフード。合成保存料、抗菌剤、抗酸化剤無添加。
ハリネズミフード（三晃商会）

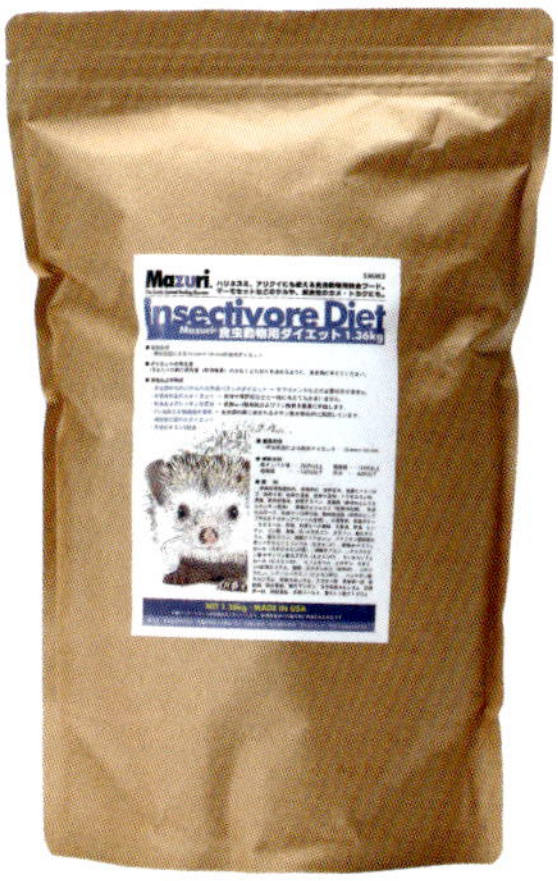

国内外の動物園で採用されている外国産の定番フード。輸入品のため、販売店ごとにパッケージが異なります。「食虫目フード」の名称で売られている場合もあります。
インセクティボア・ダイエット（Mazuri）

このほかに
フェレットフードや
キャットフードも与えられるよ。
行きつけのペットショップで
店員さんに
相談してみてね！

ハリネズミにおやつをあげよう

ハリネズミのおやつというと、本来の主食である昆虫が挙げられます。栄養バランスの良いフードをしっかり食べさせていれば健康面の問題はありませんが、昆虫をおやつとして少量与えることで、野生で得ているであろう微量な栄養素を補えると考えられます。また、体調を崩している時や、フードに飽きてしまっている時は特に有効で、昆虫の味わいや噛み応えで元気や食欲を取り戻すことがあります。

また、私たちが口にしている食材の中にも、おやつにできるものがあります。果物や野菜は不足しがちな繊維質を補えるおやつになりますが、絶対に与えてはいけないものも少数ですがあるので、注意が必要です。ほかに、昆虫の代わりとなる動物質の食材や、メーカーが出しているハリネズミ用のサプリメントもあります。ハリネズミの食べ物の好みは個体差が激しいので、我が子にあったおやつを探してみてください。

ハリネズミに与えてもよい昆虫

昆虫なら何でも良いわけではありません（→ P.43）。入手しやすいミールワームかコオロギがおすすめです。栄養面以外に、硬い殻（外骨格）を持つ昆虫をかじることで、歯垢を除去する歯磨き効果も期待できます。

ミールワーム

ゴミムシダマシ科の甲虫の幼虫。1回に5～10匹程度が目安です。小動物を扱うペットショップであれば、生体をパックに入れたものを販売しています。加熱処理して缶詰にしたものや、乾燥させたものもあります。たいていの子は生体を好みますが、生体に興味を示さない子もまれにいるので、缶詰タイプや乾燥タイプも試してみましょう。

ペットショップで売られている生体のパック。常温だと成長してさなぎや成虫になってしまうので、冷蔵保存により動きや成長を抑制します。長期保存はできません。

缶詰タイプ。生体ほどではありませんが、鮮度がよく、栄養価も期待できます。動く生体はちょっと苦手という飼い主さんにおすすめです。

乾燥タイプ。長期保存できますが、乾燥により生体の食感から遠ざかるので、個体によっては選り好みするかもしれません。粉々にしてフードのふりかけにするのもよいでしょう。

ミールワーム大好き！

生体は常温だとよく動きます。ピンセットで頭をつぶしてあげると、ハリネズミが食べやすくなります。

コオロギ

コオロギも、小動物を扱うペットショップで購入できます。生体は動きが速く、ビギナーには扱いが難しいので、缶詰タイプや乾燥タイプ、冷凍タイプが良いでしょう。

ハリネズミに与えてもよい食品

果物と野菜、動物質の食品で、ハリネズミに与えてもよい食品を紹介します。小動物用のサプリメントなどを与えてもよいでしょう。

果物・野菜

果物は、リンゴやバナナが定番です。イチゴやスイカ、ナシなども与えられます。食べやすい大きさに切って、ごく少量を与えましょう。野菜はニンジン、サツマイモ、キャベツ、コマツナ、カボチャ、トウモロコシなど。茹でたり、ふかしたりしてから、小さく刻んで与えましょう。

リンゴ

ニンジン

サツマイモ

果物は
糖分が高いので
下痢になりやすいよ。
あげすぎには
注意して！

バナナ

キャベツ

コマツナ

動物質の食品

昆虫の代わりになる高タンパク質食品として、鶏のささみやレバーを茹でたもの、ゆで卵の卵黄、カッテージチーズなどが挙げられます。食べやすいように小さく刻んだものを少量与えましょう。

鶏ささみ

卵黄

サプリメント

小動物用の高タンパクゼリーは、ハリネズミのサプリメントとしておすすめです。病弱な子も食べやすいゼリー状で、手軽に栄養を補えます。

アミノ酸やビタミンを配合したゼリー。ジクラアギト
小動物万能ゼリー（ジクラ）

ハリネズミに与えてはいけないNG食品

野菜や果物には、ハリネズミが食べると危険なものがあります。柑橘類は特に下痢になりやすいので、おやつには向きません。ネギ類は、貧血、下痢、腎障害を引き起こす恐れがあります。ドライフルーツ・ナッツ類は口蓋や歯に挟まりやすく、アボカドや生のジャガイモの芽は中毒を引き起こします。これらの食材は、決して与えないように、同居の家族などにもきちんと伝えておきましょう。また、硬いもの、熱すぎるもの、冷たすぎるものも避けましょう。

柑橘類
オレンジ
レモン
グレープフルーツ

ネギ類
タマネギ
長ネギ
ニラ

ドライフルーツ・ナッツ類
レーズン
アンズ
ピーナッツなど

その他
アボカド
ジャガイモ（生）
人間のお菓子
（チョコレートなど）

ごはんの与え方

ごはんは、日が暮れてハリネズミが動き出して少し経ってから与えましょう。
食べる様子をチェックして、食欲や健康状態に合わせて与える量を調整します。

フード

数日分をまとめたりせず、毎晩新しいものを与えましょう。フードは、1回に体重の5%程度が目安となります。粒の小さいものはそのままでも構いませんが、粒の大きいものは少しふやかしてから与えましょう。子供や老齢のハリネズミには、食べやすいようにしっかりふやかしものを与えてください。

おやつ

ミールワームなら5～10匹程度、果物や野菜は小さじ半分程度が適当です。おやつばかり食べてしまう子には、先にフードだけ与えて、おやつは後であげるようにします。

水

給水ボトルの水も、毎日交換しましょう。水分が足りないと、脱水症状になったり、血液濃度が高くなったりして、体調を崩してしまいます。水道水で問題ありませんが、カルキなどが気になる場合は、煮沸や汲み置きした水を用いましょう。

1日のごはんの例（体重400g）

数種類のフードをまぜたもの ･･･ 20g
ミールワーム･････････････････5匹
リンゴとニンジン ････････ 小さじ½

ハリネズミ Q&A ごはん編

Q ハリネズミ専用フードを全然食べてくれない！

A 個体によって、ハリネズミ専用フードを好まない子もいるようです。いくつかの専用フードを試してみて、それでもダメな場合は匂いや食感の異なるフェレットフードやキャットフードなども試してみましょう。

Q 食欲があるのはいいけど太ってきたみたい。どうしよう?

A 飼育下のハリネズミは、どうしても運動不足になりがち。体を丸めた時に、丸まりきれなくてお腹が見えてしまう子は肥満の可能性大です。肥満はさまざまな病気の原因になるので、しっかり運動させるようにして、食生活を見直しましょう。まずは副食です。ミールワームは脂質、果物は糖質が多いので、量や与える頻度を減らしましょう。次はフードですが、フードの量を減らすと必要な栄養が足りなくなる可能性があるので、おすすめできません。キャットフードに低タンパク、低脂質のものがあるので、それを試してみましょう。

Q 外で捕まえてきた虫を食べさせてもいい?

A 市販のミールワームやコオロギ以外は原則としてNGです。草むらにいる昆虫にはダニがついていたり、農薬や雑菌などがついていたりする可能性があります。健康を害する原因となりかねないので、与えるのは絶対にやめましょう。

ファイル 2 松村さんファミリー

まるで動物園!? まるこのハリネズミライフ

ハリネズミだけでなく、ネコにフクロウ、トカゲなど、十数種類のペットを飼育している松村さんファミリー。飼育部屋はまるで小さな動物園のようです。

松村さんファミリー。左から賢太郎さんとまるこ、虎龍《こたつ》くん。

まるこ's Profile

性別	メス
年齢	2歳
体長	16cm
体重	550g
カラー	ソルト&ペッパー

親子で仲良く ハリネズミのお世話

松村賢太郎さんは、中学生の時に本で見ていた爬虫類を実際に飼えることを知って、お年玉でトカゲやイグアナを購入。それから今に至るまで、爬虫類を中心にさまざまな動物を飼ってきました。ハリネズミの飼育は、伊豆で野生化したマンシュウハリネズミに遭遇したのがきっかけ。道路を歩く姿を見て、思わず飼ってみたくなったそうです。

ハリネズミは、しっかり歩き回れる広めの水槽で飼い、おやつのコオロギも生きたまま水槽に放して狩りをさせているそうです。野生を意識した飼育法のおかげか、ハリネズミはアクティブで食欲旺盛。体重はありますが、肥満ではなく、元気に育っています。

あまりにたくさんの動物を飼っているので、それぞれに名前はつけていなかったのですが、取材中にハリネズミに「まるこ」というかわいい名前をつけてくれました。これからも親子で仲良く、まるこをかわいがってあげてください。

まることルームメイトたち

松村さんのお宅の飼育部屋には、ケージや水槽がたくさん。爬虫類を中心に十数種の動物が同居しています。飼育部屋の主は2匹の猫たち。おとなしい性格なので、小動物たちものびのび暮らしています。

まるこのおうちはここ。広い水槽で快適に暮らしています。

部屋の外のベランダには、なんとベンガルワシミミズク。

ラックにはたくさんの爬虫類。左からフトアゴヒゲトカゲ、マツカサトカゲ、テキサスラットスネーク、ヒョウモントカゲモドキ（ワイルド個体）など。

まるこ's House

なんといっても広々としたガラス水槽が特徴（撮影のために、ケース前面のガラス扉を外しています）。ケージ内で十分に歩き回れるので、運動器具は特に必要ありません。水槽の床全面に紙製のトイレ砂を敷き詰め、定期的に全交換しています。

コオロギが大好物！

松村さんのハリネズミ飼育データ

ケージ
レプロ 1945（ビバリア）※生産終了
W900×D450×H450mm

床材
紙製トイレ砂（輸入品）
フード＆おやつ
インセクティボア・ダイエット（Mazuri）

給餌頻度と量
毎晩、フードを30g程度、
時折コオロギも与える。

メンテナンス
毎朝、ケージ内のふんと汚れた床材を除去、水を入れ替える。
週に一度、床材を全交換する。

まるこ's Foods

外国製の食虫目フードを基本に、おやつとして生き餌のコオロギを与えています。

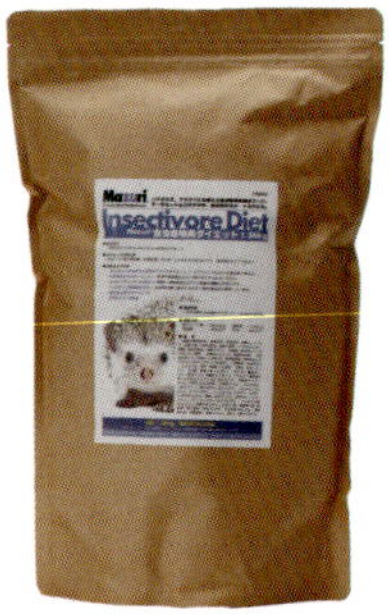

お父さんが動物の先生

飼育方針として過度なスキンシップはしない賢太郎さんですが、時には親子で動物とふれあう時間を設けます。ハリネズミと、見た目が似ているヒメハリテンレックの違いを教えてもらって、虎龍君も興味津々。

エサやりにもチャレンジ

小学校に入ったばかりの虎龍くんですが、ハリネズミのお世話に少しずつチャレンジ中。ピンセットでコオロギをつかんで、まるこにあげます。

ネコがいてもへっちゃら

本来は臆病なハリネズミですが、まるこは好奇心旺盛で飼育部屋の環境にもすっかり慣れています。部屋の主のネコが近づいてきても、気にせず爆睡です。

Take care of a hedgehog!

ハリネズミのお世話をしよう！

縁あっておうちに迎えたハリネズミですから、
健康で長生きしてもらいたいものです。
掃除や温度管理のやり方を覚えて、
しっかりお世話してあげましょう。

お世話の基本は慣れてもらうことから

飼い始めのハリネズミは新しい環境に緊張しているので、手を近づけただけで針を立てる子も珍しくありません。無理にスキンシップをとろうとすると、飼い主さんを怖い存在と認識してしまいます。しばらくは、環境に慣れつつ自分の匂いを覚えてもらう期間と割り切り、さわるのは必要最小限に留めましょう。

ごはんをあげる前に手の匂いをかがせるようにすると、ハリネズミは飼い主さんの匂いとごはんを結び付け、少しずつ警戒心を解いていきます。掃除でケージから出す時も、さわるまえに手の匂いをかがせましょう。時間はかかりますが、匂いを覚えてさわられることに慣れてくれれば、ハリネズミとスキンシップをとることも夢ではありません。

ただし、慣れるかどうかはハリネズミの性格次第で、時間をかけても全く慣れない子もいます。それもお迎えした子の個性として受け入れ、その子に合った距離感で関係を築いていきましょう。

POINT 1

匂いをかがせる

慣れさせるためのポイントは、一にも二にも匂いをかがせることです。ごはんやおやつを与える前、抱っこする前には、必ず手の匂いをかがせましょう。

POINT 2

革手袋に頼りすぎない

革手袋は針から手を守ってくれる便利な飼育グッズですが、ずっと使っているといつまでたっても匂いを覚えてもらえません。飼い主さんも針の感触に慣れて、素手でさわれるようになりましょう。

ハリネズミにやさしい抱え方

ハリネズミを驚かせないように抱える方法です。
スキンシップの第一歩なので、しっかり身につけましょう。

1 左右からふんわりとすくう

上からいきなりさわるのはNG。広げた両手を、左右からゆっくり体の下に入れます。

2 手に乗ったら包み込む

うまく手に乗ったら、そっとすくうように持ち上げて、手で包み込みます。

高い位置で抱えると
何かの拍子に落として
ケガをさせてしまうことも。
低い位置で抱えて、
落とさないように手をしっかり
体に寄せてね！

3 お尻をしっかり支える

片方の手で体の前方を、もう片方の手でお尻のあたりを支えて、態勢を安定させましょう。

column

手洗いを習慣づけよう

ハリネズミとのふれあいやケージ掃除の後は、必ず石鹸で手を洗うように習慣づけましょう。ハリネズミが皮膚炎になっていたり、下痢をしていたりする場合、それらの原因となる病原菌のごく一部が、ハリネズミの体、ふんやおしっこにふれることで、飼い主さんに感染する可能性があります（→ P.86）。ただし、ハリネズミが必ずしもそれらの病原菌を持っている訳ではありませんし、手洗いをすれば防げるので、過度に心配する必要はありません。

ハリネズミのお世話

飼い主さんの生活スケジュールの中で、工夫しながらお世話してあげましょう。
より詳しい解説がある場合は、見出しの横にページを示しています。

毎日のお世話

動物を飼うのにお世話がいらない日はありません。
日々のお世話を欠かさずに。

水の交換

給水ボトルを水洗いして、毎日水を入れ替えます。

ごはんの用意 (→ P.42)

毎晩ごはんを与え、翌朝にフード皿を片づけます。食べ残しのチェックもしましょう。

ふんやおしっこの処理 (→ P.52)

床材をくまなくチェックして、ふんやおしっこ、汚れた床材を取り除きます。

毎日
お世話してくれると、
うれしいな。
飼い主さんのことも
早く覚えるかも！

運動 (→ P.54)

ケージから出して、広い場所で運動させることも大事です。

健康チェック (→ P.53)

毎日体や動きをチェックすれば、病気やケガを早期発見できます。

定期的なお世話

清掃や体のケアを行い、ハリネズミを快適で健康に過ごさせてあげましょう。

床材交換（→ P.52）

取りきれていない汚れや食べこぼしのほかに、抜けた針やフケなどが隠れているので、定期的に新しいものに入れ替えます。

ケージや飼育グッズの洗浄（→ P.52）

定期的にケージや飼育グッズを洗浄します。見えづらい汚れを放置すると、雑菌繁殖の原因となります。

毎日過ごす
ケージだからこそ、
定期的にきれいにしてほしいな。
運動の間に掃除するなど、
工夫してね！

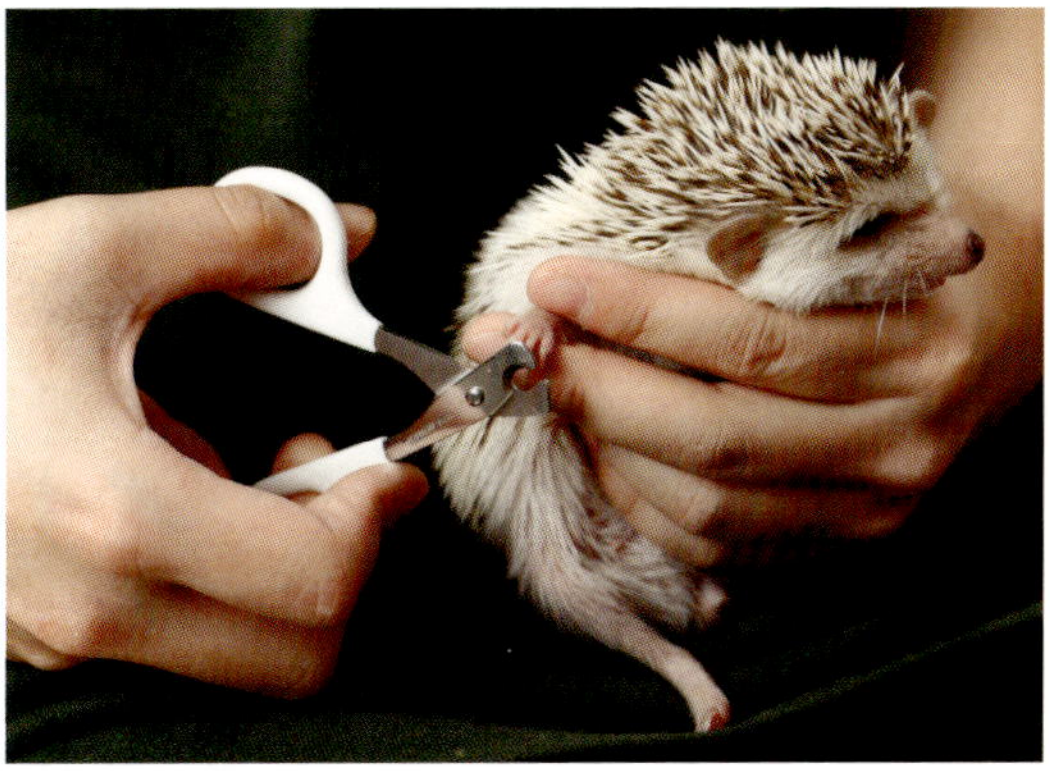

体のケア（→ P.53）

体の汚れを拭き取ったり、爪切りをします。成長の記録を兼ねて、体重測定もしましょう。

季節のお世話

ハリネズミは日本の気候に合わせた体温調節はできません。暑さと寒さに弱い動物なので、特に夏や冬は室内の温度管理が必要です。

夏のお世話（→ P.56）

冷房による部屋全体の温度管理が基本です。涼感グッズをケージに入れてあげてもよいでしょう。

冬のお世話（→ P.57）

暖房もしくは保温グッズを使って温度管理しましょう。乾燥しやすいので、湿度もチェックします。

ケージの掃除

ハリネズミのふんは小さめですが量は相当なものですし、おしっこは放置すると匂いがきつくなります。ハリネズミの健康のためにも、毎日の掃除は欠かせません。また、定期的に床材交換やケージ洗浄などを行い、衛生的な飼育環境を保つことを心がけましょう。

ふんやおしっこの処理・床材交換

毎晩、ハリネズミが起きているうちに、ペット用トイレスコップなどでふんやおしっこがかかった床材を取り除きます。朝ケージをのぞいた時にも、ふんがあれば取り除きましょう。また、ダニがわかないように床材そのものも１～２週間を目安に入れ替えます。すべてを替えると慣れた匂いが消えてしまうので、汚れていない床材を少し残して、新しいものに混ぜて戻しましょう。

ケージ・飼育グッズの洗浄

床材交換の時にケージ全体、寝床やフード皿などの飼育グッズの汚れもチェックしましょう。特にケージの底面が汚れていることが多いので、ペット用のウェットティッシュなどで拭き取りましょう。これらも定期的に洗浄することで、ケージ全体を清潔に保つことができます。基本は水洗いですが、すすぎ残しがないようにできるのであれば、中性洗剤を使っても構いません。

ハリネズミのふん。小粒なので、床材に埋もれて残ってしまうことも。

床材を交換する際は、まず古い床材を全て取り除きます。床面をきれいに拭いてから、床材を敷き直しましょう。

ケージの床面は特におしっこで汚れやすいので、定期的に洗浄しましょう。

洗浄中は、ハリネズミをキャリーケースなどに入れておきましょう。

トイレのしつけはできない!?

ケージ内にトイレを置いて、期待通りにハリネズミが使ってくれるケースは非常にまれです。ハリネズミには、同じ場所で排泄する習慣がある子と、そうでない子がいます。しばらく観察して、同じ場所で排泄しているようであれば、その場所にトイレを置いてみてください。うまくいけばトイレを使ってくれるかもしれません。

1

いつも排泄する場所にトイレ容器を置きます。

2

ふんや、おしっこのついた床材などを少し置きます。

3

匂いが目印となって、トイレで排泄をする可能性があります。

健康チェックと体のケア

ハリネズミの健康を維持するために、体や動きにいつもと違うところがないか、毎日チェックしてください。そして、ケガや病気の予防のために、爪切りや体重測定など体のケアも行います。お腹や脚の汚れに気づいたら、蒸しタオルなどで拭き取ってあげましょう。

健康チェック

ケージから出して、全身を見てあげましょう。チェックすべき項目はP.78で詳しく解説しているので、そちらを参考にしてください。

仰向けにするとお腹や指が見やすいのですが、針が刺さりやすいので革手袋が役に立ちます。

爪切り

飼育下のハリネズミは、爪がほとんどすり減りません。可能であれば、飼い主さんが小動物用のニッパー式爪切りなどで爪の先端をカットしてあげましょう。爪の中には血管があり、切りすぎると出血するので注意が必要です。自分で切るのが難しければ、動物病院にお願いしてみましょう。

写真のように体を固定し、指で脚を挟むと、爪を切りやすいです。

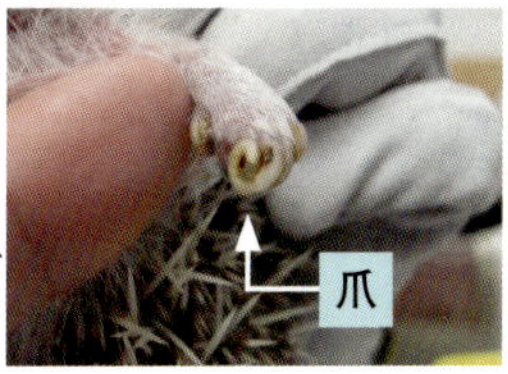

伸びすぎてしまった爪。こうならないよう、こまめに爪を切ってあげましょう。

体重測定

成長したハリネズミは300～600gくらいの体重があります。キッチンスケールなどを使って、定期的に体重測定をしましょう。成長期を過ぎても体重が減り続けたり、増え続けたりしているのは異常のサインかもしれません。

ハリネズミは良く動くので、深さがあるキャリーケースを使うと楽に測定できます。

お風呂は必要？

ハリネズミは基本的に水浴びする習性がないので、汚れがどうしても落ちない場合以外は、お風呂はあまりおすすめできません。ハリネズミの体が汚れるのは、ふんを踏んだり、その上を転がったりするのが主な原因なので、まずケージの清掃をこまめに行いましょう。そして、針についた汚れは歯ブラシなどでこそぎ落とし、お腹や足の汚れは蒸しタオルやウェットティッシュで拭き取ります。お腹や足の汚れが落ちにくい場合は足湯に入れましょう。洗面器に浅くぬるま湯を張って、汚れた部分を手早くすすぎます。

遊びとおさんぽ

ずっとケージの中にいるとハリネズミもストレスがたまるでしょうし、運動不足による肥満も心配です。できるだけ毎晩ケージから出して運動させてあげましょう。ハリネズミは狭い場所に入りたがるので、電源コードがある場所にも近づけないように。運動器具を用意してあげると、ハリネズミのいろいろな動きが見られるので、おすすめです。

どうしても運動の
時間がとれない場合は、
ケージの中に運動器具を
入れてくれるだけでも
うれしいな！

ステップ・アーチ

ゆるやかな斜面を上り下りするのは得意なので、適度な運動にぴったり。木製なので、爪も自然に削れて一石二鳥です。

トンネル

狭いところに入り込むのが好きなハリネズミにぴったり。陶器製のトンネルは爪が削れるので、常にケージに入れてもよいでしょう。

サークル

ジョイント式のサークルがあれば、
区切られた空間で遊ばせることができます。

サークルの中に
おやつや運動器具を
入れてくれると、
おさんぽが
楽しみになるよ！

column

回し車はハリネズミには向いていない！？

ハリネズミは野生では一晩中食べ物を求めて歩き回る動物なので、歩くという行為が本能に刻み込まれています。しかし、回し車に乗ってくるくると回る動作はハリネズミの本能的な行動ではないので、全く興味を示さない子もいます。回し車を使う子も、あくまで歩く欲求を満たすために使っているのでしょう。

そして、回し車にはハリネズミがケガをするリスクがあります。ホイールの金網やプラスチックの継ぎ目に針や爪が引っ掛かったり、回し車の下に入り込んで挟まったりして、骨折やケガをするケースが多いのです。さらに、ネズミとは骨格が違うので、小さい回し車で体を反らせすぎると腰に負担がかかります。回し車を使う場合は、サイズの大きいものを選んで、ケガをしないような工夫をしてあげましょう。

一年を通して、温度・湿度管理を

ハリネズミと暮らしていくうえで、温度管理は欠かせないお世話のひとつです。アフリカ出身のハリネズミにとって、日本の夏の蒸し暑さと冬の厳しい寒さは死活問題です。ケージの近くに温度・湿度計を設置し、夏と冬はエアコンをフル活用して室温を一定に保ちましょう。

注意したいのは外出時で、ついエアコンを消してしまいがちです。熱中症や低体温症になると取り返しがつきませんので、多少のコストは覚悟して、不在時もエアコンをつけたままにしてください。

春や秋は比較的過ごしやすい季節ですが、急激な気温の変化が起こりやすい時期でもあります。天気予報をチェックし、天候の変化に合わせてエアコンをつけるなど、柔軟な対応を心がけましょう。

ぼくたちが
快適に過ごせる気温は
24〜29℃、
湿度は40%くらいまで。
覚えておいてね！

夏の暑さ対策

エアコンの冷房や除湿による温度・湿度管理に加え、
飼育グッズを活用して体感温度を下げる手もあります。

POINT 1

エアコンは必須

扇風機は風を送りますが、気温を下げてはくれません。それに、扇風機の風を直接ハリネズミに当てるのは、健康的にもよくありません。エアコンによる管理が大前提です。冷えすぎも害なので、28℃くらいを目安にするとよいでしょう。湿度が高い場合は、エアコンの除湿機能を試してみましょう。

夏前の梅雨時は
湿度に注意。
掃除をこまめにして、
ケージを清潔に
保ってね！

POINT 2

直射日光のあたらない場所へ

部屋の中でも、窓の近くや南側の壁は気温が上がりやすいです。お迎えの時点で、ケージをそのような場所に置かないようにしましょう。

POINT 3

涼感グッズの活用

エアコンで温度・湿度管理ができていれば飼育上の問題はありませんが、涼感グッズを入れてあげれば、ハリネズミはきっと喜ぶはずです。

陶器製ボード。爪とぎ効果も期待できます。涼感テラコッタボードM（三晃商会）

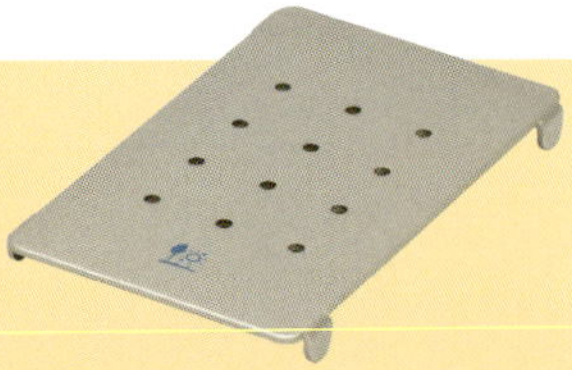

放熱効果が期待できるアルミ製のボード。ハムスターの涼感クールベッド（三晃商会）

冬の寒さ対策

冬は暖房による温度管理に気を配りましょう。
保温グッズも一緒に使うのがおすすめです。

POINT 1 エアコンまたはオイルヒーターを使用

エアコンやオイルヒーターで部屋全体で温度管理するのがベターです。ただし、ケージのある床近くは気温が下がりがちなので、プラスアルファの工夫を。

POINT 2 ケージを覆う

金網タイプのケージは、水槽やプラケースに比べて保温性が低いのが難点です。冷え込む夜間は、ブランケットなどでケージを覆うと保温性が高まります。

ケージによっては専用のカバーも販売されています。**シャトルマルチ70用 フリースカバー（三晃商会）**

冬場は、暖房で室内が乾燥しすぎることがあるんだ。湿度があまりに低いのも健康に良くないので、加湿器などでケアしてね！

POINT 3 保温グッズの活用

ケージを直接温める保温グッズを併用すると、より温度管理が万全になります。ただし、ケージ全体を温めてしまうと、暖まりすぎた時の逃げ場所がなくなってしまいます。保温グッズをケージの端に設置するなどして、ケージ内に温まっていない（温度が低い）場所を設けましょう。

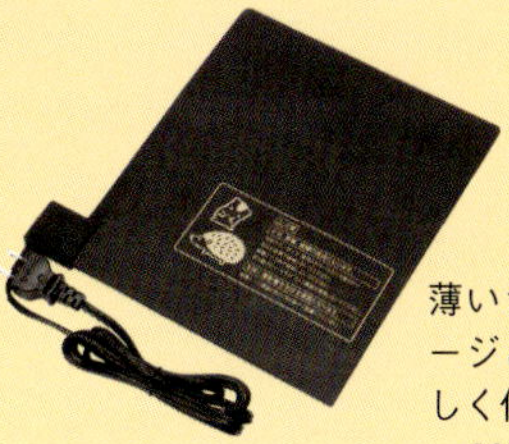

薄いシート型の電気ヒーター。ケージと床の間に入れるので、やさしく保温できます。**シートヒーターM（ジェックス）**

column

ハリネズミは冬眠するの？

ハリネズミの仲間のうち、ナミハリネズミなどは冬眠しますが、ヨツユビハリネズミには冬眠する習性はありません。ヨツユビハリネズミが冬眠しているように見えたら、それは寒さによる低体温状態で、命にかかわる危険な状態です。すぐに温めてあげないといけません。

反対に、ヨツユビハリネズミは「夏眠」をすることがあります。夏眠は仮死状態になって暑すぎる時期を乗り切る習性ですが、熱中症や脱水症状になっている可能性もあるので、決して夏眠させてはいけません。温度管理をして、ハリネズミに負担をかけないようにしましょう。

ハリネズミ
Q&A
お世話編

Q 飼い始めて数日経つのに、ずっと寝床にこもったまま。どうしよう？

A まずはごはんや水が減っているかをチェックしてみてください。きちんと食べているのであれば、環境の変化に慣れるのに時間がかかっているのでしょう。気長に待ってあげてください。もしごはんや水を十分に摂れていない場合は、体調を崩している可能性があるので、すぐに動物病院で診療を受けましょう。

Q ハリネズミと暮らし始めてから、くしゃみや咳が……。大丈夫かな？

A ペットとしての歴史が浅いため、ハリネズミのアレルギーについてははっきりとはわかっていません。ただ、飼育をしている人の中にアレルギー症状が出ている人が一定数いるのは事実です。くしゃみや鼻水、咳が出る場合は世話をする時にマスクを使う、発疹が出る場合は革手袋を使うなどの方法を試してみましょう。それでもアレルギー症状が頻繁に現れる場合は、一度アレルギー専門診療を行う病院を受診してみてください。症状がひどい場合は、ハリネズミの飼育を断念して、引き取り先を探す必要があるかもしれません。

Q どうしても数日家を留守にしないといけない。どうすればいい？

A 健康状態に問題がなく、きちんと置き餌などで対応ができるのであれば、、1日程度の留守は大きな問題になりません。しかし、数日間に渡る場合は、家族や友人に世話を頼む、あるいは小動物が可能なペットシッターや、ペットホテルの利用を検討しましょう。どちらにしても、普段と同じお世話をしてもらえるよう、飼育情報をしっかり伝えてください。

Hedgehogs Photo Gallery

ハリネズミ フォト ギャラリー

狭いところが大好き！
わんぱくでかわいいハリネズミの写真をお届けします！

❶飼い主さんのお名前（アカウント名） ❷ハリネズミのお名前 ❸ハリネズミのチャームポイント

❶clover さん ❷ごましおちゃん
❸臆病者だけど、好奇心旺盛な冒険家。

違和感なし！
かわいいおうちです！

マーゴットちゃん、
瞳がうるうるです！

❶ぺるのさん ❷マーゴットちゃん
❸クリクリのおめめ！

❶ごんたさん ❷はなちゃん
❸おしりがチャームポイント。

頭隠して……。
ハリケツ、たまりません。

Know your hedgehog!

ハリネズミの気持ちを知ろう！

**ハリネズミは、しぐさや鳴き声で
飼い主さんに自分の気持ちを伝えています。
これらのサインを見逃さないようにして、
ハリネズミがどんな気持ちなのかを考えてみましょう。**

針を立てる

あまり速く動けないハリネズミが、
外敵から身を守る唯一の方法が針を立てること。
針を立てたり、丸まったりしているうちは、
さわらずにそっとしておいてあげましょう。

普段は、針が毛並みに沿って寝ています。

警戒心を抱くと、頭の針を前に向けて立たせ、全身の針もピンと立たせます。

ムーッ！
針を立てている時は
近づかないで！

体を丸めてイガグリのような姿になったら、警戒心は最高レベル。

しぐさや鳴き声の意味を知ろう

飼い始めの時期は、針を立てるしぐさをよく目にします。見た目からは怒っているように感じるかもしれませんが、どちらかというと怯えている気持ちのほうが強いのです。さわろうとするたびに針を立てられ困ってしまうかもしれませんが、元々とても臆病な動物で、環境に慣れるのに時間がかかるということを理解してあげましょう。

また、しきりに匂いを嗅ぐしぐさを目にするでしょうが、匂いで物を判別しているので、嗅いでいるうちは手を出さずに見守ってあげてください。急に手を出すと噛みつかれてしまうこともあります。

ハリネズミはあまり鳴きませんが、時折出す鳴き声からも気持ちを読み取ることができるので、鳴き声を聴き逃さないようにしましょう。

匂いを嗅ぐ

視力よりも嗅覚がすぐれているハリネズミ。
懸命に匂いを嗅いでいる時は、
周囲の物の情報を
集めていると思ってください。

ひたすら鼻をヒクヒクさせて、匂いで周りのものを認知します。

アンティング

ハリネズミには「アンティング（唾液塗り）」と呼ばれる一風変わった習性があります。知らない匂いの物に出会うと、それをなめたりかじったりして、口の中で泡にした唾液と混ぜます。そして、体を不自然なほどにひねって、唾液を背中や脇腹に塗りたくります。アンティングの目的ははっきりわかっていませんが、自分の匂いを隠すために周りと同じ匂いを体につけるという説が有力です。

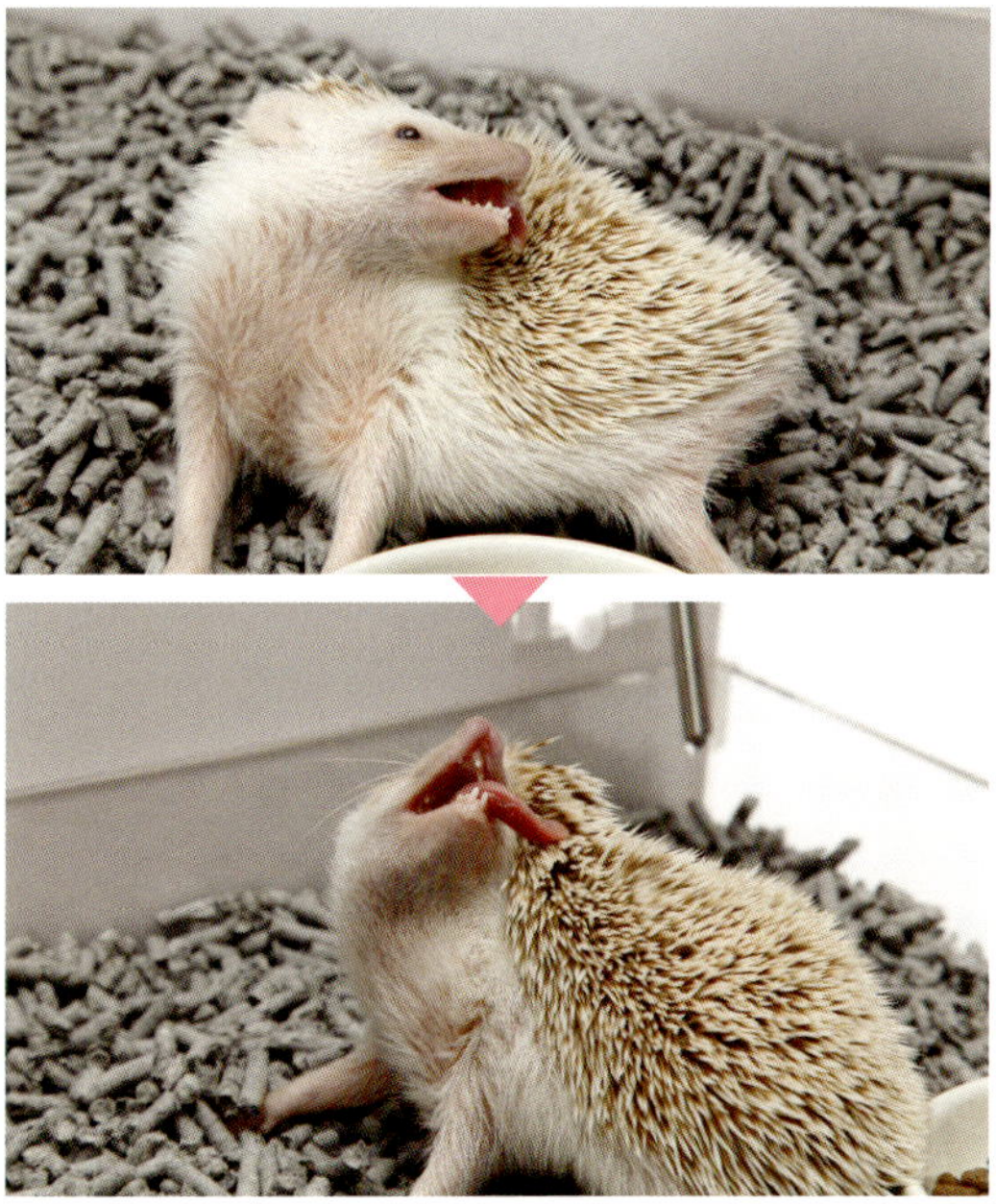

初めて見ると驚くかもしれませんが、病気などではないので、むしろハリネズミの習性を知る機会だと思って観察してみてください。

噛みつき

ハリネズミは攻撃的な動物ではありませんが、
強いストレスを感じた時などに噛みつくことがあります。
噛まれても怒らずに、噛まれた理由を考えて
対策を考えましょう。

食べ物と間違えている

よくあるのは、食べ物を手で与えて噛まれるケースです。視力が弱いので、匂いのついた指を食べ物と間違えて噛んでしまうことがあるようです。この場合はストレスはあまり関係ありませんので、手を使わずにピンセットなどで与えるようにしましょう。

警戒心が高まっている

さわろうとして噛まれた場合は、飼い主さんが思っている以上に強い警戒心を抱いている可能性があります。無理にさわろうとせずに、まずは匂いを覚えさせ、時間をかけて警戒心を解いていきましょう。

病気やケガをしている

体調を崩している時は、防衛本能から警戒心を強めて、噛みつくことがあります。体や動きを念入りに見て、病気やケガの兆候がないかをチェックしましょう。

column

噛み癖がつく前に対策を

いったん噛み癖がつくと、それを直すのは簡単ではないので、噛まれないようにする工夫が必要です。まず顔の前に指を近づけないこと。さわる前に手の匂いを嗅がせるのは警戒心を解くのに有効ですが、できるだけ噛みにくい手の平の匂いを嗅がせましょう。また、食べ物にふれると手に匂いがつくので、手を洗ってからハリネズミをさわるようにしましょう。

噛まれてしまったら手を洗って、傷口があれば消毒しましょう。

鳴き声

ハリネズミが鳴き声を発する時には、
いくつかのパターンがあります。
それぞれにハリネズミの感情が込められているので、
覚えておきましょう。

シュッ！
シュッ！

フシュー！

危険を感じて警戒心が高まると、針を立たせるのと同時に、蒸気が吹き出すかのような鳴き声を出します。不安や恐怖、怒りを感じているので、この鳴き声の時はそっとしておいてあげましょう。

ゴロゴロ♪

クックッ♪

リラックスしている時や機嫌が良い時は、「クックッ」と短い鳴き声や、のどを鳴らすような「ゴロゴロ」という音を発します。飼っていてこの鳴き声が聴けたら、良い関係が築けているサインかもしれません。

キューッ!!

キーキー!!

苦痛や恐怖を感じている時の鳴き声で、悲鳴に近いイメージです。ケガなどをしている可能性があるので、すぐに体の異常がないかチェックしてみましょう。

ファイル 3 深見遊人さん

新しい部屋で始まる はりのすけとのハリネズミライフ

取材の少し前に引っ越したばかりだという深見さん。前の部屋から連れてきたペットたちと、新生活をスタートさせています。

深見遊《ゆう》人《と》さんとはりのすけ。

はりのすけ's Profile

性別	オス
年齢	1歳
体長	18cm
体重	390g
カラー	シナモン

臆病だけど度胸がある はりのすけとの暮らし

深見遊人さんは、高校生の時にコーンスネークというヘビを飼い始め、それからエキゾチックアニマルを扱うペットショップに足繁く通うようになりました。それから爬虫類を中心にいろいろなペットを飼っていくうちにハリネズミに出会い、哺乳類も飼ってみたくなり、はりのすけをお迎えすることになりました。ハリネズミは、良い意味で距離が保てる動物で、一人暮らしでも飼いやすいのが魅力だそうです。

はりのすけを選んだ決め手は、シナモン特有の淡い色合い。はりのすけは臆病だけど度胸があるという複雑な性格だそうで、針を立てることはあっても、完全に丸まってしまうことはほとんどないとのこと。元気に動き回る姿や、ご自身や環境に少しずつ慣れていく様子を見ると、飼ってよかったなと感じるそうです。

はりのすけとルームメイトたち

深見さんは、はりのすけの他にヤモリとヘビ、フクロウを飼っています。
部屋の間取りの関係で、ケージの置き場所が窓の近くになってしまうので、ケージ側のカーテンは閉じたままにしています。

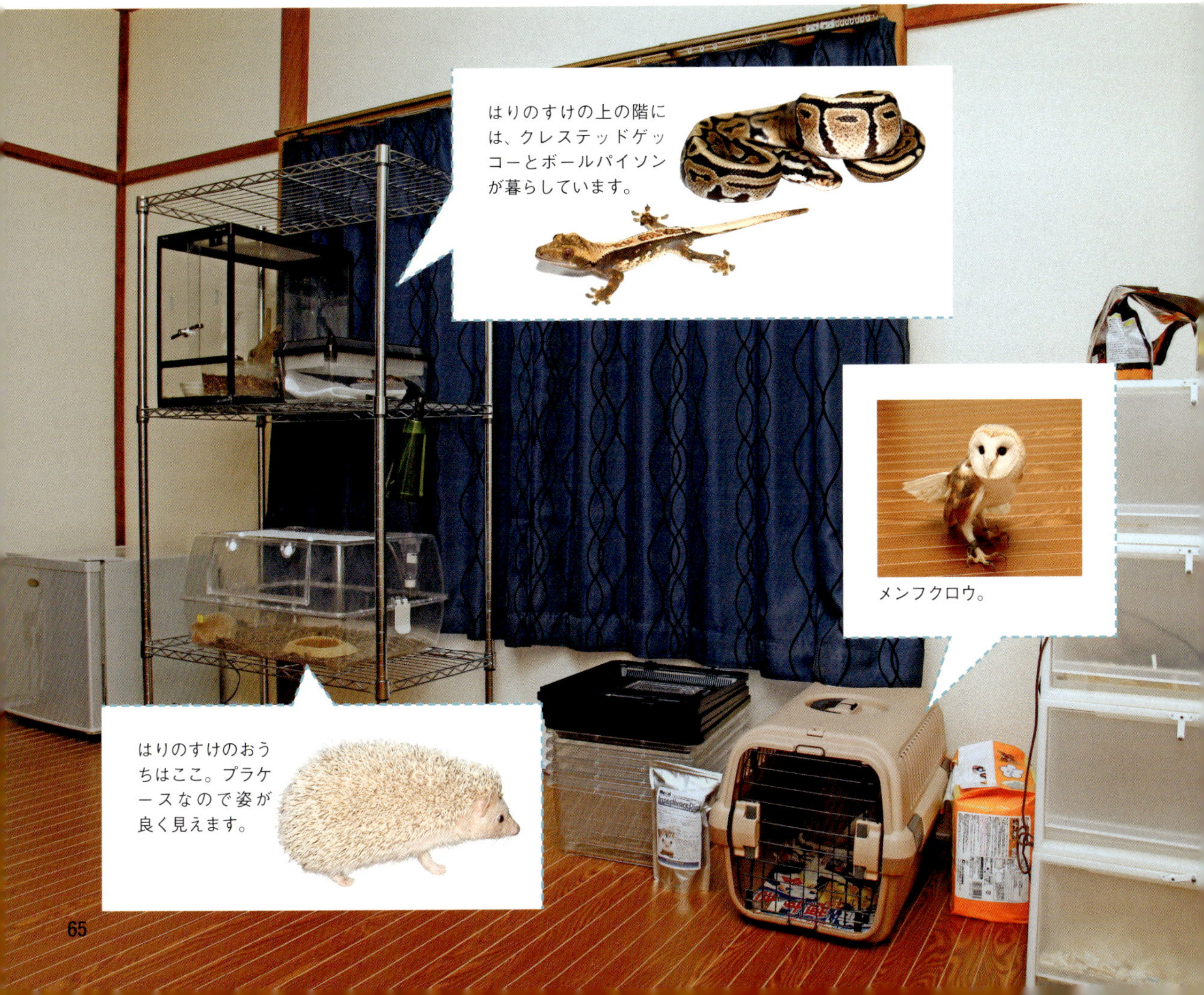

はりのすけの上の階には、クレステッドゲッコーとボールパイソンが暮らしています。

メンフクロウ。

はりのすけのおうちはここ。プラケースなので姿が良く見えます。

はりのすけ's House

最近人気が出てきているプラケースを使っています。中の様子が良く見えて、簡単に丸ごと水洗いができるので衛生面も安心です。ケースの中はできるだけシンプルにしています。

はりのすけ's Foods

外国製の食虫目フードが基本。あえて食べきれない量を置いて、フードを切らさないようにしています。おやつとして生き餌のジャイアントミールワームも与えています。

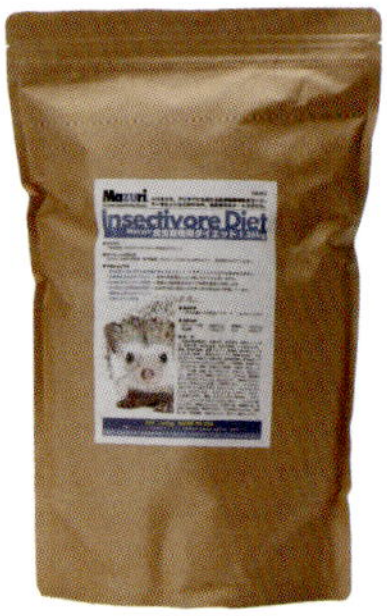

いつでもごはんが
あるので安心♪

深見さんのハリネズミ飼育データ

ケージ
ルーミィ 60 ベーシック（三晃商会）
W620×D450×H315mm

床材
紙製トイレ砂（輸入品）

フード&おやつ
インセクティボア・ダイエット（Mazuri）

給餌頻度と量
フードは常に食べきれない量を入れておく。
時折ジャイアントミールワームも与える。

メンテナンス
毎朝、ケース内のふんと汚れた床材を除去、水を入れ替える。
週に一度、ケースを水洗いし、床材を全交換する。

つかまった〜!

できるだけ外に出して運動させる

健康キープのため、できるだけケースから出して室内で遊ばせるようにしています。そのこともあって、はりのすけの抜け針をよく踏んでしまうのが悩み。ハリネズミの「飼い主あるある」ですね。

広いところで運動できるの、
うれしいな!

ブサカワな寝姿が最高

人に見られることに慣らすため、あえてプラケース内には寝床をつくっていません。おかげで、ブサカワな寝顔が見放題。たまりません。

Group feeding of hedgehogs

2匹めをお迎えしたくなったら

**ハリネズミとの暮らしが長くなったら、
多頭飼育や繁殖にトライしたくなるかもしれません。
難しい面があるのをよく理解したうえで、検討してみてください。**

多頭飼育の注意点

ハリネズミは、群れをつくらずに単独で暮らす動物です。野生では、オスとメスは交尾の時だけつがいになります。その後、メスは子どもたちを育てますが、成長するとそれぞれが単独で暮らすようになります。

基本的に複数で暮らす習性がないので、ひとつのケージに同居させるのはおすすめできません。同性同士、特にオス同士はうまくいく場合もありますが、たいていケンカになり、ケガを負ってしまうケースもあります。どうしても2匹めをお迎えしたいなら、お世話の手間やコストがかかりますが、ケージや飼育グッズを新たにもう1セット用意して、別々に飼いましょう。

繁殖を考えている場合でも、オスとメスをいきなり同居させてはいけません。まずは新しく迎えた子を別のケージで飼って環境に慣らし、お見合い（→P71）でハリネズミ同士の相性を試してからペアリングをしましょう。

お迎えする子の健康診断

新しくお迎えする子にノミやダニがついていた場合、元々いる子にうつってしまう可能性があります。引っ越しによるストレスを考慮し、お迎えして数日経ったら動物病院で健康診断を受けましょう。受診するまでの間は、同居させずに別々のケージで飼って、それぞれのケージを離れた場所に置くようにしましょう。

違う場所で生まれ育ったおとなのハリネズミは、同性同士だと、同居させてもほとんどうまくいきません。お互いにストレスを与える結果になります。

ケージを別にして飼育する

ハリネズミごとにケージや飼育グッズを用意するのが、多頭飼育の基本となります。

多頭飼育のイメージ。ケージは並べて置いても構いません。

ケージを別々にするメリット

- ハリネズミがのびのび暮らせる。
- 個体ごとの食事量や排泄物を正確にチェックできる。
- 皮膚病（→P.84）などの感染を防げる。

ケージは別々がいいけど、運動の時は一緒にしてみてもいいかも。ただ、ケンカになりそうだったら、すぐに離してね！

column

きょうだいのハリネズミの同居

生まれてから一緒に過ごしてきたメス同士のきょうだいは、性格が合いやすく、そのまま同居させられる可能性があります。オス同士は、きょうだいであっても同居に向いていません。うまくいく場合もありますが、たいていは成長するとケンカをするので、早いうちに別々にしましょう。オスとメスのきょうだいは、成長すると交尾をする可能性があるので、近親交配を避けるためにも同居は NG です。

同居させる場合は、少しでも広めのケージを用意して、それぞれの寝床（隠れ家）をつくってあげましょう。

繁殖を目指す前に知っておきたいこと

ハリネズミとの暮らしが順調な飼い主さんは、いつか自分のもとで赤ちゃんを誕生させてみたいと思うかもしれません。ハリネズミのオスは生後6～8か月、メスは2～6か月で性成熟し、飼育下では1年を通して繁殖が可能です。しかし、体の小さなハリネズミにとって妊娠や出産は大きな負担となりますし、赤ちゃんが生まれたら母子ともに健康に過ごせるよう、飼い主さんの手厚いサポートが求められます。

それでも繁殖を目指すなら、飼育情報の収集、出産やその後のお世話のための環境づくりなど、準備を万全にして臨みましょう。ペットショップやブリーダーなど、相談できる繁殖の経験者を見つけておくことも大切です。飼育にかかるコストも増えるので、経済的な面も考慮しておきましょう。

新しい生命が誕生し、その成長を見守っていくのは、飼い主さんにとってかけがえのない経験になります。繁殖は大変なことではありますが、それを理解したうえでチャレンジしてください。

繁殖にまつわる数字

ハリネズミの繁殖にまつわる基本的な情報として、いくつかのデータを紹介します。

出産は生後6ヶ月～3年の間に

メスは早ければ生後2か月で生殖にかかわる体機能が備わりますが、2か月では心身ともに未熟なので、繁殖は最低でも生後半年を過ぎてからにしましょう。また、年をとりすぎてからの繁殖も負担になるので、3歳を限度と考えましょう。

飼育下では1年中繁殖が可能

飼育下では温度管理するので1年を通して繁殖が可能です。ただし、赤ちゃんは寒さに弱いので、冬は避けたほうがよいでしょう。

妊娠期間は平均35日

メスの妊娠期間は平均すると35日程度です。個体差で増減があるので、あくまで目安に。

産む子供の平均数は3～4匹

平均すると3～4匹ですが、こちらも個体差で増減します。

子育て期間は生後6～8週間

生後1か月ほどでおとなの食べ物も少しずつ口にするようになり、6～8週間で離乳して母子を離すことができます。個体差で早く性成熟することもあり、近親交配を避けるためにケージを分ける必要があります。

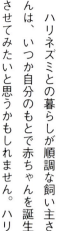

ハリネズミの繁殖の流れ

ハリネズミのお見合いから出産、子育てまでの一連の流れを紹介します。
どのようなお世話が必要なのかを知ったうえで、
繁殖を行うかどうかを検討してみてください。

お見合いの準備

まずは
お互いの匂いに
慣れることから
始めてね！

繁殖の大前提として、メスがオスを受け入れるかどうかが挙げられます。いきなり一緒にしても警戒してしまうので、まずは匂いで互いの存在を認識させることから始めます。

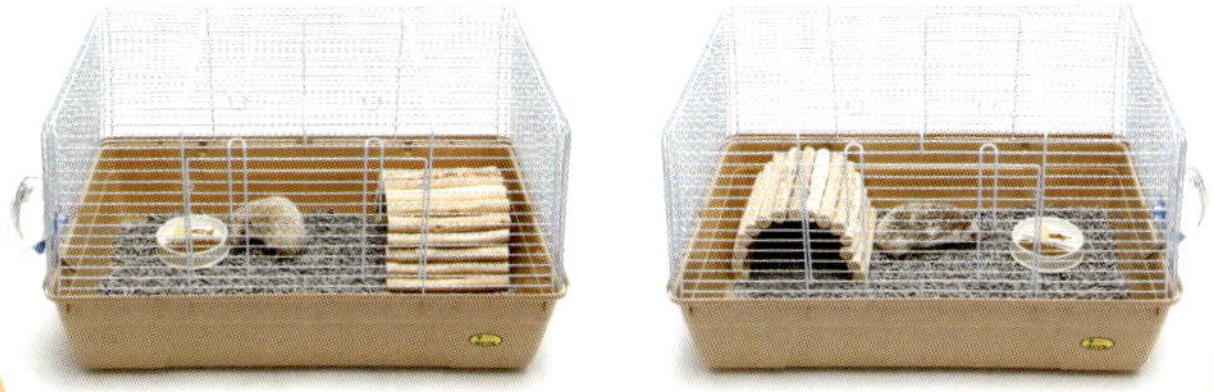

ケージを並べて、巣箱や床材など、匂いのついたものを交換してみましょう。

お見合い

次のページへ

オスとメスをケージから出し、サークルなどを利用して一緒にします。発情したオスは「ピーピー」というさえずりのような鳴き声を出し、メスの周りを歩き回ったり、体をぶつけたりします。メスは最初は嫌がるそぶりを見せますが、激しいケンカにならなければ、数日お見合いを続けましょう。

相性があるので、
どうしても
ダメな場合は
ご縁がなかったと
思ってね……

激しいケンカになってしまうようなら、いったんお見合いは中止。噛みつかれることがあるので、革手袋などを使って引き離し、後日再チャレンジしましょう。

交尾の時間は数分ほど。
見ていない間に
交尾を済ませている
可能性もあるので、
メスの様子を
こまめに観察してね！

同居（交尾）

少し大きめのケージでオスとメスを同居させます。ハリネズミのメスは9日程度の発情期と7日程度の休止期を繰り返すといわれています。オスとメスの発情のタイミングを合わせつつ、同居のストレスを軽減させるために、5日ほどを目安に同居と別居を繰り返します。交尾を確認できたり、メスに妊娠の兆候が見られたら、すぐにオスを別のケージに移しましょう。

ハリネズミの交尾の様子。

メスが落ち着けるように、ケージ内に寝床は別々に設けましょう。

妊娠

無事に交尾できても、妊娠の兆候が現れるのには時間がかかります。妊娠を見極める方法は体重測定がおすすめです。妊娠後3～4週でメスの体重に変化が出ます。個体差はありますが、50gほどの増加が見られたら妊娠していると考えましょう。妊娠したメスは警戒心が強くなるのであまり触れないようにして、ミールワームやタンパクゼリーなど高タンパク質のおやつを積極的に与えるようにしましょう。

妊娠中は太りやすいので、適度な運動は効果的です。サークル内を歩かせて、ごほうびに高タンパク質のおやつを与えてみてください。

妊娠後期になると、お腹が張ってお尻が大きくなり、乳首が目立つようになります。できるだけそっとしておきましょう。

産後のトラブル

繁殖するうえで、産後トラブルは十分に起こりうることを理解しておきましょう。未熟児が生まれたり、子育てに向いていない環境だったりすると、お母さんは育児放棄や子食いをすることがあります。特に子食いはショッキングに感じるかもしれませんが、うまく生きられない子よりも健康な子に栄養を回すという野生動物の本能に基づいた行動です。出産前後の環境によるストレスが引き金になることも多いので、できるだけ落ち着いた環境を整えてあげましょう。

出産

出産が近づくと落ち着きがなくなり、食欲がガクッと落ちます。寝床に籠もりがちになりますが、とにかくストレスを与えないことが重要なので、静かに見守りましょう。出産は赤ちゃんの鳴き声でわかることが多いようです。

出産直後の母乳を「初乳」といいます。赤ちゃんが健康に育つのに必要な栄養と免疫物質が含まれているので、落ち着いた環境で授乳させてあげましょう。

子育て

基本的に子育てはお母さんに任せます。飼い主さんは、しっかり母乳を与えられるように、栄養豊富で高タンパク質なごはんと十分な水を用意してください。母子が落ち着けるよう、ケージの掃除も最小限に。出産後2週間くらいは床材の交換を控え、汚れた部分だけを取り除くようにしましょう。

生まれた直後の赤ちゃんの体重は10g程度。その後の成長は個体差が大きく、同じきょうだいで体重に倍近い差が出ることもあるんだ。動けるようになったら、体重を測って成長の度合いをチェックしてね。また、生後6～8週間を目安に離乳するので、それまでに子どもたち用のケージを用意しておいてね！

順調に育っている子どもたち。主食は母乳ですが、生後3週間を過ぎたあたりから子ども用に水でゆるめにふやかしたフードを与えましょう。

赤ちゃんは寒さに弱いので、季節によって暖房器具でケージ内を暖めましょう(→P.57)。

ハリネズミ Q&A 繁殖編

Q １匹だけ寝床から離れている子がいるんだけど、動かしたほうがいい？

A 赤ちゃんに人間の匂いがつくと、お母さんが育児放棄をする可能性があります。赤ちゃんが自分で動けるようになるまで、絶対に素手でさわらないで。どうしても動かす必要があれば、温度変化の少ないプラスチックのスプーンなどですくって動かしてあげましょう。

Q お母さんが育児放棄したんだけど、どうすればいい？

A 人工哺育は簡単なことではありません。手探りでお世話をしてみるのではなく、まずはペットショップやブリーダーに相談してください。シリンジやペットミルクなど必要な道具や準備を調え、繁殖経験者の指導に従ってお世話しましょう。

あくまで参考例ですが、おおよそのお世話の仕方をご紹介します。生後３週間くらいまでは、母乳の代わりに人肌に温めたペットミルク（犬猫用がおすすめ）を、２～４時間おきにシリンジやスポイトを使って与えます。また、小さいうちは自分で排泄ができません。ぬるま湯に浸したコットンなどで下腹部を優しくさわって、排泄を促してください。生後４週間を過ぎるとふやかしたフードも口にするようになるので、お世話がぐっとしやすくなります。

Hedgehogs Photo Gallery

ハリネズミ フォト ギャラリー

**生まれた間もないベビーや育ちざかりのキッズたちの写真です。
小さいけど、しっかりハリネズミしてますね！**

❶飼い主さんのお名前（アカウント名）　❷生後の日数　❸飼い主さんのコメント

❶はるるさん　❷生後 11 日
❸お母さんと２ショット！

親子でなかよし♪

❶はるるさん　❷生後 18 日
❸だいぶハリネズミらしくなったね♪

ぷにぷにの
お腹がたまりません！

❶熱帯倶楽部スタッフ　❷生後 35 日　❸ツンツン頭につぶらな瞳。人間の少年みたい！

監修の熱帯倶楽部スタッフさんからも
写真が届きました。美少年ですね！

Keep your hedgehog healthy!

ハリネズミの健康な一生のために

ハリネズミが健康で長生きできるように、日々の健康チェックのしかたや、かかりやすい病気について知っておきましょう。

毎日お世話しながら健康チェックを

小動物は体の調子が悪いと、それを隠す傾向があります。野生では弱っている姿を見せるのが命取りになるためで、ハリネズミも例外ではありません。不調が明らかにわかる場合は、それを隠すことができないくらい弱っている可能性があります。そうなってからでは手遅れなので、普段から我が子の健康状態をチェックしましょう。

チェックといっても、特別難しいことをする必要はありません。ケージの掃除をすれば、食べ残しから食欲の有無がわかったり、ふんやおしっこの状態から胃腸の状態がわかったりします。室内でお散歩させれば、動き方でおかしいところが目につくでしょうし、仰向けにしてかわいい写真を撮った時にお腹側の皮膚の状態に気づくかもしれません。

毎日のお世話やスキンシップを通じて健康チェックを行い、「あれ？　いつもと様子がちがうな？」と思ったら、いち早く動物病院へ連れていきましょう。

毎日機械的にこなすのではなく、お世話をしながらハリネズミの様子も見てあげましょう。

ぼくらの体で
チェックして
もらいたいポイントを
P.78 で
紹介しているよ！

かかりつけ病院で定期的に健診を

ハリネズミを含むエキゾチックアニマルを診療可能な動物病院は近年増えてきていますが、地域によってはなかなか見つからないこともあります。犬や猫などと比べて、ペットとしての絶対数が少ないので仕方がないことではありますが、いざという時に診てもらえる動物病院がないのは困りものです。少し遠くてもハリネズミを診てもらえる動物病院を探しておきましょう。近くに診療可能な病院がない場合は、緊急時のために近場で夜間・休日診療を行っている動物病院を調べておきましょう。

　動物病院が見つかったら、定期的に健康診断をしてもらい、ついでに健康面で普段気になっていることを相談するとよいでしょう。病気の早期発見につながりますし、ハリネズミ飼育の知識も増えて一石二鳥です。かかりつけ病院とよいお付き合いができれば、ハリネズミを飼っていくうえで心強い存在になってくれるでしょう。

かかりつけ病院を探そう

かかりつけの動物病院の探し方、病院を見つけた後に行うべきことを紹介します。

1 受診する

受診可能な病院が見つかったら、まずは健康診断を受けましょう。飼い主さんのチェックではわからない健康上の問題が見つかるかもしれません。健康診断の結果について説明を受け、今後の治療が必要な場合はその内容とかかる費用について確認しましょう。

2 情報収集する

病院のウェブサイトを見て、診療可能な動物を確認するのが基本です。目星がついたら、一度電話して直接確認してみましょう。もしその病院がだめでも、他の病院を紹介してもらえるかもしれません。ほかに、ハリネズミを扱っているペットショップや飼育している知人などに、おすすめの病院を聞くのもひとつの手です。

3 獣医師に質問する

健康面で、気になっていることがあれば遠慮せずに質問してみましょう。ハリネズミの診療経験が豊富で親身に説明してくれる先生がベターですが、その場でわからなくても調べて教えてくれるような先生であれば安心です。また、すべての先生が飼育に詳しいわけではないので、その点についてはペットショップに相談するのもよいでしょう。

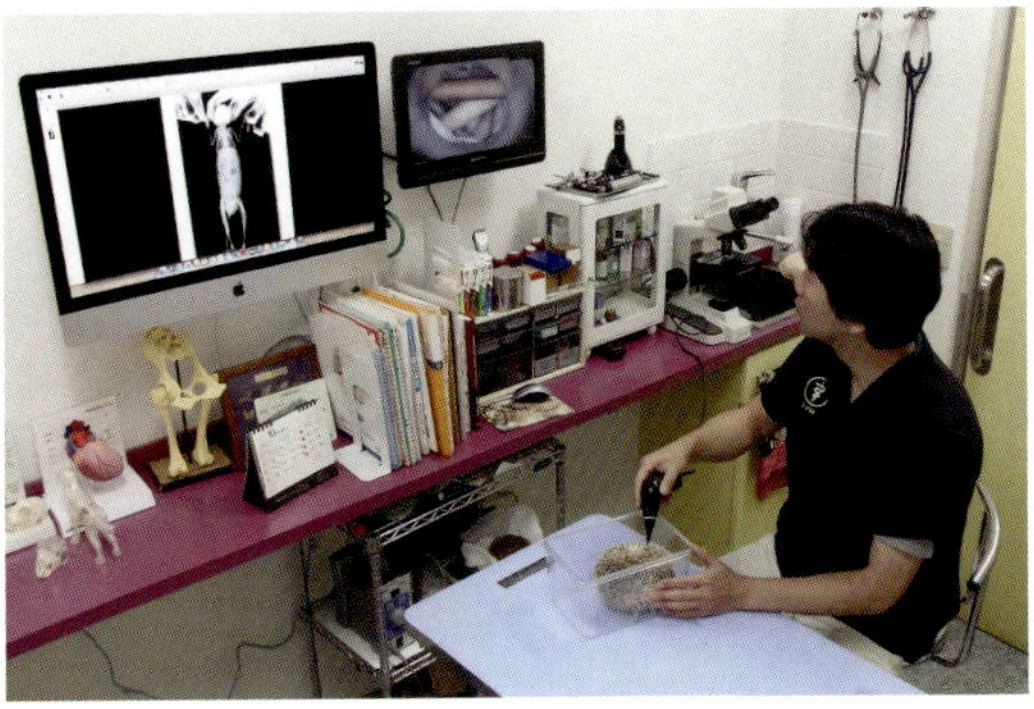

飼い主さんにもできる

ハリネズミの健康チェック

注意して見るべきポイントを知っておきましょう。ハリネズミの不調のサインにしっかり気づくことができるはずです。

耳 ear

- 耳に傷がついていないか？
- 耳の先が欠けていたり、ギザギザになっていたりしないか？
- カサカサして、粉がふいたりはしていないか？
- 耳の中が汚れていないか？

目 eye

- 目ヤニや涙で汚れていないか？
- 目の周りが赤くなっていないか？
- 両目が左右対称に開いているか？
- 眼球の一部が白くなっていないか？
- 眼球が飛び出していないか？

nose 鼻

- ☑ 鼻水が出ていないか？
- ☑ くしゃみを頻繁にしていないか？
- ☑ 鼻が乾燥していないか

口 mouth

- ☑ よだれが出ていないか？
- ☑ 食べていない時に、口をモゴモゴ動かしていないか？
- ☑ あごや口まわりが腫れていないか？

歯 tooth

- ☑ 歯が抜けていないか？
- ☑ 歯石（薄い茶色）がついていないか？
- ☑ 歯茎が赤くなっていないか？

歯みがきって必要？

ふやかしたフードを日常的に食べている子は、食べかすが歯に残って歯石ができ、そこから歯周病や歯肉炎になってしまう傾向があります。ふやかしていないフードや昆虫類を食べさせることで歯石を除去でき、歯の病気の予防ができます。市販の犬猫用の液体歯みがきを利用する飼い主さんもいるようです（1日1回1滴を歯に垂らす）。

体のフォルムも見てね。
ぽっちゃり気味は
かわいいけど、
肥満はいろいろな病気
の原因になるよ！

針 spine

- 針の抜ける量が多くないか？
- 針の密度が薄くなっている部分がないか？
- 針の間にダニがいないか？
- 針の間にフケがたまっていないか？

皮膚 skin

- 頻繁にかゆがっていないか？
- 体に傷や赤みがないか？
- 体にしこりや腫れがないか？
- ダニがついていないか？

丸まってお腹を見せてくれない子の場合、透明な飼育ケースを利用して、下からのぞきこむのがおすすめ。落とさないように注意しましょう。

動きにふらつきが
ある場合は、
重大な病気の可能性も。
体だけじゃなくて
動きにも注意して
見てね！

お尻 hip

- お尻まわりが汚れていないか？
- 出血していないか？
- ふんやおしっこに血がまじっていないか？
- 下痢をしていないか？

使っている床材によってはふんやおしっこがわかりづらいので、気になった場合は透明な飼育ケースにペットシーツなどを敷いて、食後に入れてみましょう。状態がひと目でわかります。

足 leg

- 爪が伸びすぎていないか？
- 爪が変形していたり、折れていたりしないか？
- 爪の根元や指から出血していないか？
- 足を引きずっていないか？
- 歩きにくそうにしていないか？
- 足が腫れていたり、不自然に曲がっていたりしないか？

知っておきたいハリネズミの病気

ハリネズミがかかりやすい病気について、症状や治療法、注意点などを解説します。
解説は、小動物医療の経験が豊富な田向健一獣医師が担当します。

解説・症例写真　田向健一（田園調布動物病院院長）

目の病気

ハリネズミは、目の病気をたびたび引き起こします。眼窩《がんか》（眼球を納めているくぼみ）が浅いので、目が少し突出しています。そのため、爪や床材などで傷がつきやすくなっています。もともと視力があまり良くないため、視力の低下に気づきにくいのですが、涙が多く出る、白くなるなどの症状が見られたら、動物病院に相談するとよいでしょう。

●眼球突出

眼窩が浅いため、炎症を起こすと目が飛び出てきやすくなります。また、肥満の個体は眼窩に脂肪がたまり、より目が突出しやすくなります。まれに口腔《こうくう》内に腫瘍《しゅよう》ができて、それが大きくなった結果、目の裏側から目を押し上げて、眼球が飛び出すこともあります。

●角膜炎

ハリネズミの目は突出しているので傷がつきやすく、角膜（眼球をおおう透明な膜）の傷から細菌などが感染して、炎症を引き起こします。症状としては、涙が多くなったり、目の表面が白くなったりします。また、痛みから目を頻繁にこする行動も見られます。

●白内障

眼球の中にあるレンズ（水晶体）が白く濁ることを白内障《はくないしょう》といい、高齢になると症状を引き起こしやすくなります。視力が弱くなり、最終的には失明してしまいます。白内障を治すことはできませんが、嗅覚がすぐれている動物なので、慣れたケージ内であれば、それほど苦労することはありません。

呼吸器の病気

呼吸器とは、鼻、鼻腔《びくう》、咽頭《いんとう》、喉頭《こうとう》、気管、肺の呼吸に関係する器官のことを指します。その部分が、病原体である、ウイルス、細菌、真菌（カビ）などによって障害を受けると呼吸器の病気になります。栄養不良やホコリが立つ床材、不衛生な環境やケージ内の高いアンモニア濃度、温度差、ストレスなど、さまざまな要因によって引き起こされます。呼吸器の症状が見られるようなら、飼育方法を見直しましょう。

●鼻炎

くしゃみや鼻水などの症状が出ます。ホコリっぽい床材などは、鼻粘膜に付着することで鼻炎を引き起こしやすくなります。また、子どもで体力のない個体なども細菌に感染しやすく、鼻炎を引き起こすことがあります。

実際に病気の恐れがある場合は、自分で決めてしまわずに、獣医師の診断を受けてね！

肺炎

細菌の感染によって引き起こされます。初期は鼻水、くしゃみなど、鼻炎と同じような症状が見られますが、進行すると咳、食欲低下、呼吸音の増大、呼吸困難などを引き起こし、悪化すると命を落とすこともあります。

耳の病気

耳は、耳介《じかい》（外側に張り出ている部分）と、耳道《じどう》（耳の内部の管状の部分）のふたつに分けられます。耳介に真菌などが感染すると、かさつくことがあります。また、耳道にダニが寄生したり、細菌によって炎症が起きたりします。

耳ダニ症

耳ダニ症は、ミミヒゼンダニと呼ばれる耳あかを食べるダニが増殖することで起こります。症状として、ロウのような耳あかがたまったり、かゆみが出て後ろ足で耳をかくしぐさが頻繁に起きるようになります。動物病院で耳あかの検査をしてもらい、ダニの有無をチェックしてもらいましょう。ダニの駆除には、薬剤を滴下するタイプのものがよく用いられます。

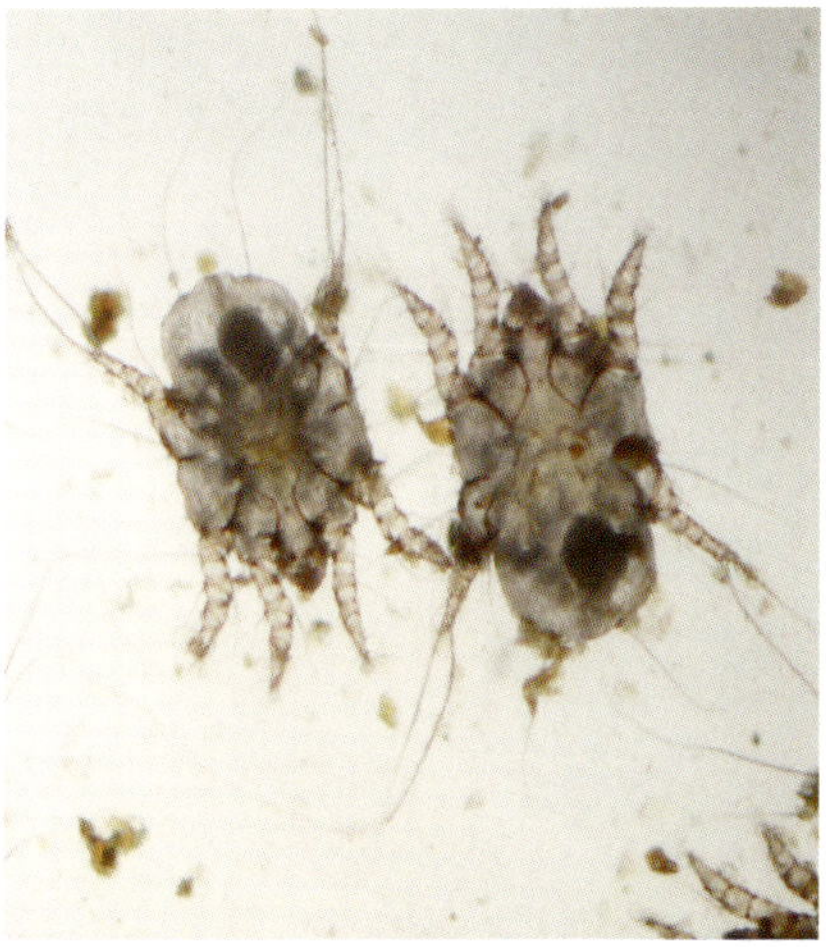

▶顕微鏡で撮影したミミヒゼンダニ。大きさは0.4 mmくらい（メスの成虫）で、肉眼ではほとんどわかりません。

外耳炎

外耳とは、耳道のうち、耳の穴から鼓膜までの部分を指します。外耳炎は、細菌や真菌、ダニなどによって炎症が起こる病気の総称で、かゆみが出る、液体や膿《うみ》のような分泌物が出る、耳から臭いがするなどの症状が見られます。そのような症状が見られたら、自分で耳掃除しようとせずに、動物病院で検査をしてもらう必要があります。

口の病気

ハリネズミには、口の中の病気がしばしば見られます。本来野生では、昆虫などの固いものを食べることによって、歯が磨かれる効果があり、口腔内が清潔に保たれます。飼育下では、ペレットフードなどの細かなカスが歯や歯肉に残りやすく、それらが原因で口腔内が不衛生になると考えられます。また、上あごに硬めのペレットなどが挟まってしまうことがあります。

●歯肉炎（歯周病）

歯垢《しこう》を放っておくと歯石に変化し、それが歯肉に炎症を引き起こします。歯ぐきが赤く腫《は》れる、よだれが多くなる、口が匂う、食欲が低下する、食べたそうにしているが食べられないなどの症状が見られます。ハリネズミが丸まってしまい治療が難しいので、麻酔をかけて処置が行われます。

●口の中の腫瘍

ハリネズミは、他の哺乳類と比較して、口の中に腫瘍ができやすい傾向があります。主な症状は、食べたそうにしているけど食べられない、よだれがでる、口から出血するなどです。口の中の腫瘍は悪性のものが多く、手術が難しいので、特に早めの対処が必要です。前述のような症状が出たら、直ちに動物病院に相談することをおすすめします。

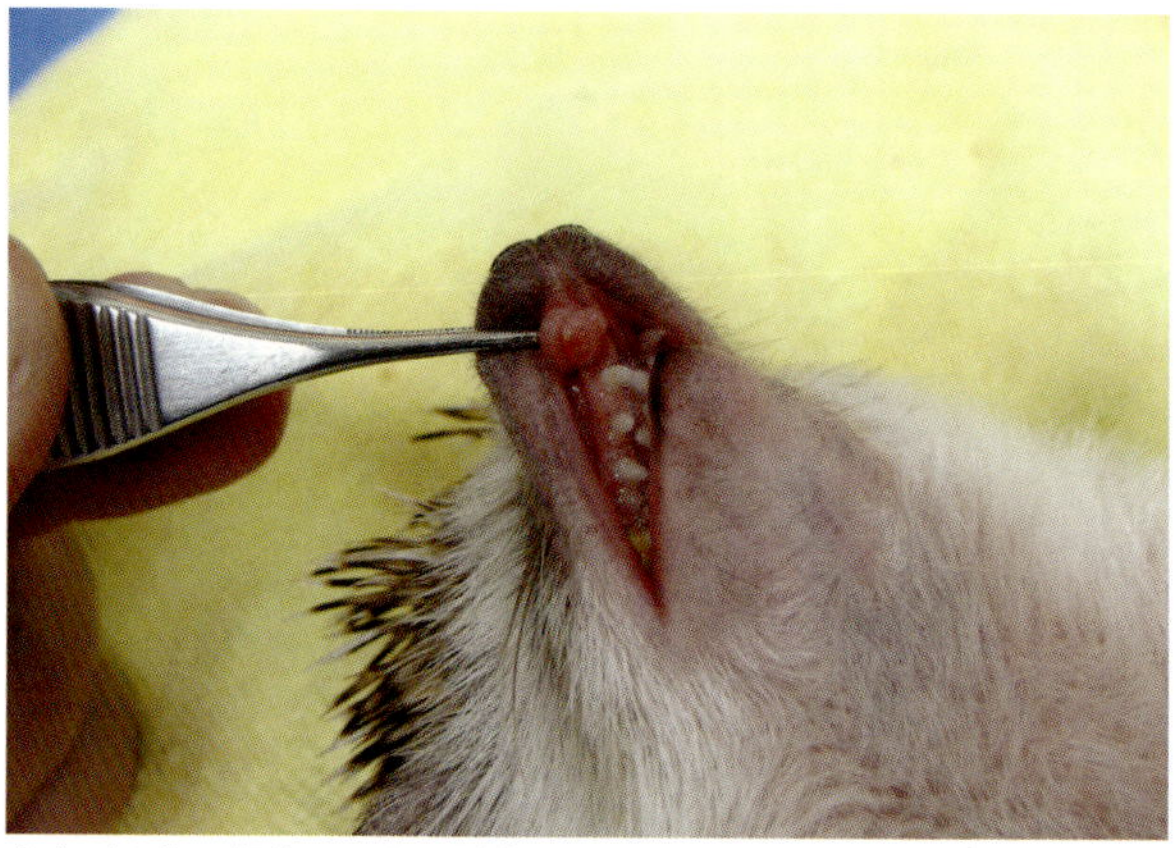

上あごの先の部分にできた腫瘍。
早めに手術を受ける必要があります。

皮膚の病気

ハリネズミの背中側は針におおわれており、お腹側には柔らかい毛が生えています。皮膚病になると針が抜けたり、皮膚が赤くなったりします。普通の毛と違って、針と針の間に汚れが入り込むとなかなかきれいにすることができないので、あまり細かい床材などを用いないようにしましょう。また、ケージ内を常に清潔に保つことが、皮膚病の予防に重要です。

●ダニ症（疥癬《かいせん》）

ハリネズミがかかる皮膚病の中で最もよく見られるのが、このダニ症です。ヒゼンダニ（疥癬ダニ）というダニが原因で、フケが出る、かゆがるなどの症状が出て、悪化すると針が大量に抜け落ちることもあります。ハリネズミを購入したら、まず動物病院でダニの有無を検査してもらいましょう。1回の治療では完全な駆除が難しく、たいていは数回の治療を要します。多頭飼育の場合は、寄生された1匹の個体から蔓延することが多いので、特に注意が必要です。

ダニ症が原因で針が抜け落ちたハリネズミ。

●**皮膚炎（細菌性）**

細菌はいわゆる「ばい菌」のことで、細菌性皮膚炎になると、皮膚が赤くただれたり、かゆみが出たりします。湿度の高い環境や糞尿《ふんにょう》などが原因で皮膚が汚染され、それを放置することにより引き起こされます。治療には、抗生物質の投与が一般的です。

●**皮膚炎（真菌性）**

真菌はいわゆるカビの仲間で、真菌性皮膚炎にかかると、針が抜けるなどの症状がでます。特に幼体など免疫力が弱い個体に多く見られます。治療には抗真菌剤の投与を行い、完治まで長期間かかることもあります。

消化器の病気

消化器とは、食道、胃、肝臓、腸などの臓器のことを指します。栄養を取り込むという非常に重要な役割を担っていて、呼吸器と並んで、動物が生きていくのに欠かせない器官です。消化器の病気の症状として代表的なものに、下痢、嘔吐《おうと》があります。下痢や嘔吐は病名ではなく症状名ですので、その原因にはさまざまなものがあります。原因によっては致死的なものもありますので、消化器に症状が見られたら、すぐに動物病院を受診しましょう。

緑がかった便（緑色便）。原因はさまざまです。

●**下痢**

下痢の原因は多岐に渡り、寄生虫や細菌、真菌の感染、品質の悪い餌、急激な温度変化、ストレス、離乳の失敗などが挙げられます。下痢が長く続くと脱水症状や栄養不良となり、命にかかわることもあります。下痢が続くようであれば、便が乾かないようにビニールなどに包んで、動物病院へハリネズミと一緒に持って行き、検便をしてもらいましょう。

●**脂肪肝**

脂肪肝とは、肝臓の組織に過剰な脂肪がたまってしまった状態で、食欲不振、元気がなくなるなど、漫然とした症状が見られます。ハリネズミには比較的多く見られ、肥満の個体だけでなく、何らかの理由で餌が食べられなくなった個体も脂肪肝の恐れがあります。予防法は、肥満にさせないこと、餌を食べなくなったら流動食などを与えて絶食期間を少なくすることが挙げられます。他の動物と異なり、血液検査やエコー検査が難しいため、診断が遅れることがあります。

クリプトスポリジウム症

クリプトスポリジウムというのは、原虫と呼ばれる非常に小さな寄生虫の一種で、人間や爬虫類などでも見られます。寄生されると、軟便が続いたり、体重が減ってきたりします。駆除が難しいので根気よく薬を飲ませる必要があります。診断には検便を行いますが、顕微鏡を使ってもなかなか見つけることが難しいため、ハリネズミに詳しい動物病院に相談する必要があります。

人獣共通感染症とは

人間から動物、動物から人間へと感染する病気のことで、代表的なものに狂犬病やエキノコックス症などがあります。右のクリプトスポリジウム症も人獣共通感染症といわれており、検便に持っていく便を用意する際は、糞尿を直接さわらないようにして、用意した後は必ず手洗いをするようにしましょう。

泌尿器の病気

泌尿器《ひにょうき》とは、腎臓、尿管、膀胱《ぼうこう》、尿道の尿に関係する臓器を指します。排尿には、体の中の老廃物を素早く体外に排泄させる重要な役割があります。泌尿器が悪くなり、体外に老廃物がうまく出せなくなると、全身に毒素がまわり危険な状態になります（尿毒症）。尿はきちんと出ているか、尿の回数や量は適切か、血が混じっていないかなど、日常から尿をよく観察しておくことが重要です。

膀胱炎

膀胱の内部に炎症が起きている状態で、環境の変化によるストレス、不衛生な環境などによって引き起こされます。主な症状として、残尿感を感じることで頻尿になったり、膀胱内の出血によって血尿が出たりします。治療には抗生物質の投与を行いますが、治りにくく再発しやすいので、長期間にわたり薬を飲ませる必要があります。

尿石症

腎臓、膀胱、尿道、尿管に結石ができる病気です。結石の成分は尿中のカルシウムやマグネシウムなどのミネラル分が固まったものです。煮干しやミネラルウォーターなど、ミネラルを豊富に含んだものを過剰に摂取していると結石ができやすくなります。症状は頻尿、血尿、1回の排尿量が少ないなどで、膀胱炎と似ています。治療は、抗生物質を与え、結石は外科手術で除去する必要があります。

腎不全

腎不全は腎臓の機能が著しく落ちている状態で、腎臓自体の機能低下のほかに、心臓病や尿石症などが原因で引き起こされることがあります。腎不全になると体の老廃物を効率的に排泄できなくなり、尿毒症になり、食欲不振や、最終的には死に至ることもあります。正確な診断には血液検査が必要となります。腎不全の原因を突き止め、定期的に点滴を続けるなど、長期の治療が必要です。

生殖器の病気

生殖器は、オスでは精巣や前立腺、陰茎《いんけい》、メスでは卵巣や子宮、膣があります。生殖器の病気はメスに多く、2歳以上になると子宮の病気が非常に多く見られます。ほとんどの病気は症状に血尿が見られるため、膀胱炎と勘違いしやすく、注意が必要です。

●包皮炎

オスの陰茎を包む包皮の中で細菌が増殖してしまい、炎症を起こすことがあります。たいていは包皮の先から黄色い膿が出ることで気づきます。生理食塩水で洗浄したり、抗生物質を投与したりして治療を行います。進行すると尿道から膀胱に細菌がさかのぼり、膀胱炎を併発する可能性があります。

●子宮疾患

子宮疾患には、ポリープや内膜炎、腫瘍などさまざまなものが含まれます。中~高齢のメスに非常によく見られ、3歳以上のメスで血尿が出たら、高い確率で子宮疾患になっていると考えられます。診断にはエコー検査を行い、腫れている子宮を確認します。治療は止血剤や消炎剤を使いますが、根治には卵巣・子宮を摘出する避妊手術が必要になります

その他

●栄養失調

ハリネズミ専用フードが多く売られていますので、最近では栄養失調になる個体は少なくなりました。ただし、果物のみ、ミールワームのみなど、長期間偏った食生活を送っていると栄養失調になる可能性があります。

●肥満

飼育下のハリネズミは、餌の食べ過ぎ、好きなものしか食べていない、運動不足などが原因で、肥満になりやすいので注意が必要です。丸々としていてかわいらしく見えるかもしれませんが、過度の肥満は脂肪肝やその他の代謝病の原因になります。餌の量を調整したり、適度な運動を促す必要があります。

肥満のハリネズミ。腹部の脂肪がじゃまをして、完全に丸まることができません。

●骨折

ハリネズミの骨折は、他の小動物と比較して発生頻度は低いものの、回し車に挟まったり、飼い主さんが誤って落としてしまったりということで、まれに起こります。足を引きずったり、急に動かなくなったりする場合は、骨折の疑いがあります。ハリネズミはギプスなどによる固定が困難なので、あえて狭いケージに入れてあまり運動させないケージレストという方法や、細い金属ピンを入れて骨をつなげる手術を行います。

●がん

がんは、口の中、内臓、血液、皮膚、子宮によく発生します。ハリネズミのがんは決して珍しいものではありません。皮膚がんや子宮がんであれば、摘出することで根治する可能性があります。内臓や血液、口の中にできた場合は外科的に摘出して症状を軽減したり、薬によって進行を遅らせたりしますが、根治することが難しいです。餌を食べなくなったら、流動食をシリンジで与えるなどの看護をする必要があります。

●ハリネズミふらつき症候群

英語でWobbly Hedgehog Syndromeといい、その頭文字をとって「WHS」と呼ぶこともあります。主な症状は、前脚や後ろ脚に力が入らなくなり足元がふらつく、感覚が鈍くなる、筋力が弱くなるなどです。多くのケースで後ろ足から発症し、やがて病気の進行とともに全身に麻痺が広がります。原因は脳や脊髄《せきずい》中の腫瘍、感染症などさまざまな角度から検討されていますが、多くは死亡した後に検査されるケースが多く、生前に診断して有効な治療を行うことは難しいのが現状です。対症療法として抗生物質、ビタミン剤、ステロイドなどを投与することがあります。麻痺状態が続くと食事や排せつも自力でできないので、飼い主さんが介護を行い、病気とうまく付き合っていく必要があります。

ハリネズミふらつき症候群により、全身に麻痺が広がってしまった個体。

ハリネズミの看護・介護

病気によっては、動物病院の治療に加え、自宅での看護や介護が必要になる場合があります。代表的なものが強制給餌で、シリンジやスポイトを用いて、口に餌や水を直接流し込みます。排泄ができない場合は、定期的にチェックして、清潔に保つ必要があります。

ハリネズミ Q&A 老後・お別れ編

Q ずっと一緒に暮らしてきたハリネズミ。老後はどうお世話すればいい？

A ハリネズミは３～４歳を過ぎたあたりから、体の機能が衰えてきます。まず、運動能力が徐々に低下していくので、ケージ内のバリアフリー化（段差をなくすなど）を考えましょう。食事面でのサポートも必要です。噛む力が弱くなるので、フードをふやかして与えるようにします。そして、免疫力が衰えるので、病気になりやすく、治りにくくなります。日頃の健康チェックで病気の早期発見を心がけましょう。お別れの日はいつかやってくるので、毎日愛情を持って接してあげてください。

Q ハリネズミが亡くなりました。どうやってお別れしよう？

A 最期を看取った飼い主さんは悲しくてつらいでしょうが、ずっと一緒に過ごしてきたハリネズミのために、お別れの方法についても考えてあげましょう。いくつかの例をお教えすると、自宅に庭がある飼い主さんは埋めてお墓をつくることが多いようです。庭がないからといって、公園や私有地に勝手に埋めるのは違法なので、その場合はペット霊園などで弔ってもらうこともできます。地域によっては、自治体で引き取ってもらえる場合もあります。できること、できないことを考えて、自分なりの方法でお別れしましょう。

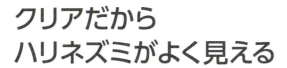

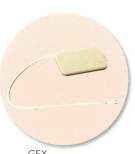

ハリネズミの楽しさ
教えます！
体験できるお店です！
飼育グッズもたくさんあります！
ときめきがいっぱい！
お店はハリネズミの他たくさんの動物たちがおります！
ジャングルに探険に行く気分！？
有限会社
エヌ・シー
見て
さわって
感じて
かおう!!
飼
買
初心者の方には飼い方も親切・丁寧にアドバイス！
わ！
ハリネズミのグッズ他、かわいい雑貨もありますよ♪
本物にそっくり？？
初心者さんからマニアまで楽しめるお店
アフターケアもお任せ下さい！
ハリネズミ・フェレット・小動物・爬虫類・両生類・猛禽類・奇虫まで
何でもそろってます♪
※店舗により取扱う動物が異なります
nettai club
exotic animals
熱帯倶楽部
熱帯倶楽部
検索
http://www.nettai.co.jp/
オンラインショップでも用品購入可能
驚きがとまらない！
ハリネズミ好き！集まれ！！
ZZZ…
すやすや…
大人から子供までドキドキ！
はじめてのお客様はきっと驚かれますよ♪
東川口本店
埼玉県川口市東川口4-21-3
TEL:048-297-3366
営業時間:月～土/13:00～22:00
日・祝日/12:00～21:00
年中無休(元旦を除く)
吉祥寺店
東京都武蔵野市吉祥寺本町1-8-14 本田ビルB1営業時間:11:00～20:00
TEL:0422-27-6391
※年末年始等、営業時間を変更することがあります。
ららぽーと立川立飛店
東京都立川市泉町935-1ららぽーと立川立飛1Fペットパラダイス DX内
TEL:042-595-9561
営業時間:10:00～21:00
※ららぽーと立川立飛に準ずる
東川口本店/動物取扱業登録証 販売:第53-0395号 保管:第53-00396号 貸出:第53-0397号
吉祥寺店/動物取扱業登録証 販売:13東京都販第101820号 保管:13東京都保第101820号
ららぽーと立川立飛店/動物取扱業登録証 販売:第102231号 保管:第102231号

監修／飼育指導
髙橋剛広

有限会社エヌ・シー、熱帯倶楽部マネージャー。栃木県生まれ。物心ついた頃から生き物全般に興味を持ち、常に動物達に囲まれながら暮らす。高校卒業後、一度は料理の道に進むが、ペット業界に転身。エキゾチックアニマルのプロショップである熱帯倶楽部に入社し、現在に至る。家では100匹近くの動物達と暮らし、そのジャンルは犬・猫・小動物・爬虫類・両生類・鳥類・猛禽類・魚類と様々。但し、カエルだけは怖い。

監修／医療指導
田向健一

田園調布動物病院院長。獣医学博士。麻布大学獣医学科卒業後、神奈川や東京の動物病院勤務を経て、2003年に田園調布動物病院を開院。小さい頃からさまざまな種類の動物と暮らしている。豊富な知識と経験を生かした治療、とくにエキゾチックアニマル診療には定評がある。『珍獣の医学』（扶桑社）、『珍獣ドクターのドタバタ診察日記』（ポプラ社）など著書・監修書多数。

STAFF

編集制作● 株式会社 童夢
デザイン● 鷹嘴麻衣子
撮影● 石渡俊晴、上林徳寛
原稿協力● 田中真理
広告営業● 位飼孝之、柿沼 功
進行管理● 山口正吾
取材協力● 熱帯倶楽部東川口本店、田園調布動物病院
撮影協力● アクア リレーション、ベイサイドアクア
協力● キョーリン、三晃商会、ジェックス、ジクラ、レインボー、トロピカルジェム、ビバリア

かわいいハリネズミと暮らす本

2017 年 10 月 31 日　初版発行

発行人● 石津恵造
発　行● 株式会社エムピージェー
〒 221-0001
神奈川県横浜市神奈川区西寺尾 2-7-10 太南ビル 2 階
TEL.045-439-0160
FAX.045-439-0161
http://www.mpj-aqualife.com
印　刷● 大日本印刷株式会社

ISBN978-4-904837-63-4
2017 Printed in Japan

※本書についてのご感想をお寄せください。
http://www.mpj-aqualife.com/question_books.html

□定価はカバーに表示してあります。
□落丁本、乱丁本はお取り替えいたします。

本書の制作にあたり、ご協力いただいた皆様

小川直人さん、明美さん、真優ちゃん
松村賢太郎さん、虎龍くん
深見遊人さん
はるるさん

参考文献

『ハリネズミ完全飼育』
大野瑞絵著（誠文堂新光社）

『はじめてのハリネズミとの暮らし方』
田向健一監修（日東書院）

『日本の外来生物』
財団法人 自然環境研究センター編著（平凡社）

『アロワナライブ　2013　vol.001』
「餌昆虫の成分について」
西川洋史著（エムピージェー）